中国污水处理概念厂 1.0

杨育红　侯佳雯　汪伦焰　著

中国水利水电出版社
www.waterpub.com.cn
·北京·

内 容 提 要

　　《中国污水处理概念厂 1.0》从"污水处理的前世今生"的理念陈述到"智慧使概念成为现实"的全景展开，详细讲述了中国污水处理概念厂的理念诞生、内涵追求和中国城市污水处理概念厂专家委员会的积极探索；全面解读了污水、污水观、污水处理机理和处理工艺，以及我国污水处理发展历程；粗略总结了英国、美国、新加坡的治水历史和经验；重墨勾画了中国污水处理概念厂 1.0——睢县新概念污水厂的建设过程和呈现状态，并提出了未来愿景。

　　书中对污水的再认识和对污水处理厂的再创造描述，便于读者理解中国污水处理概念厂的实践意义，适于科技工作者、产业人士、政府人员和相关专业学生阅读，并可向社会公众普及污水及其相关处理知识。

图书在版编目（ＣＩＰ）数据

中国污水处理概念厂1.0 / 杨育红，侯佳雯，汪伦焰著. -- 北京：中国水利水电出版社，2020.10
　　ISBN 978-7-5170-8993-3

Ⅰ．①中… Ⅱ．①杨… ②侯… ③汪… Ⅲ．①污水处理厂—研究—中国 Ⅳ．①X505

中国版本图书馆CIP数据核字(2020)第207026号

书　　名	**中国污水处理概念厂 1.0** ZHONGGUO WUSHUI CHULI GAINIANCHANG 1.0
作　　者	杨育红　侯佳雯　汪伦焰　著
出版发行	中国水利水电出版社 （北京市海淀区玉渊潭南路 1 号 D 座　100038） 网址：www. waterpub. com. cn E - mail：sales@waterpub. com. cn 电话：(010) 68367658（营销中心）
经　　售	北京科水图书销售中心（零售） 电话：(010) 88383994、63202643、68545874 全国各地新华书店和相关出版物销售网点
排　　版	中国水利水电出版社微机排版中心
印　　刷	天津嘉恒印务有限公司
规　　格	170mm×240mm　16 开本　13.75 印张　248 千字　1 插页
版　　次	2020 年 10 月第 1 版　2020 年 10 月第 1 次印刷
印　　数	0001—1000 册
定　　价	**98.00 元**

智慧伐概念成力了充实。

曲久辉

中国工程院院士曲久辉

2019 年 6 月 17 日

于睢县新概念污水厂

前言

　　中国特色社会主义进入新时代，我国社会主要矛盾已经转化为人民日益增长的美好生活需要和不平衡不充分的发展之间的矛盾。我国水处理的主要矛盾也已经发生深刻变化，从人民群众对水处理设施的需求与工程设施能力不足的矛盾，转变为人民群众对水资源水生态水环境的美好需求与污水处理行业高质量发展不足之间的矛盾。前一矛盾尚未根本解决并将长期存在，后一矛盾已上升为主要矛盾和矛盾的主要方面，解决这些矛盾重在转变观念、更新理念，让理论引领实践，进入中国水处理新阶段。

　　理念是行动的先导。随着社会对污水处理基础设施需求的日益膨胀，现阶段我国污水处理设施与现实需求不对等的矛盾进一步恶化。中国污水处理概念厂的提出是大势所趋、水到渠成的顺势之为，是我国水环境领域专家学者、业界有识之士解决中国水问题的中国方案、中国模式的有益探索。

　　改革开放 40 余年的跨越式发展，使中国拥有世界上最大的污水处理能力和产业市场。2018 年，全国城市污水处理率超 95%，日处理污水 1.7 亿 m^3，但总体再生水回用率很低，与我国实行最严格水资源管理制度确定的"三条红线"❶ 不相协调。我国在污水处理新技术

---

　　❶ 确立水资源开发利用控制红线，到 2030 年全国用水总量控制在 7000 亿 m^3 以内；确立用水效率控制红线，到 2030 年用水效率达到或接近世界先进水平，万元工业增加值用水量（以 2000 年不变价计，下同）降低到 $40m^3$ 以下，农田灌溉水有效利用系数提高到 0.6 以上；确立水功能区限制纳污红线，到 2030 年主要污染物入河湖总量控制在水功能区纳污能力范围之内，水功能区水质达标率提高到 95% 以上。

研发与集成、污水深度处理与回用、再生水回用风险管控等方面与国际先进水平仍有较大差距，到 2020 年，缺水城市再生水利用率达到 20％以上，2022 年，缺水城市非常规水利用占比平均提高 2 个百分点❶的目标能否达成与污水处理设施水平息息相关。

产业的发展只有与国家的战略相结合，才会迸发出创新的活力和源泉。党的十八大提出了中国特色社会主义经济、政治、文化、社会、生态文明建设"五位一体"的总体布局；提出要坚定不移贯彻"创新、协调、绿色、开放、共享"的新发展理念，强调绿色是永续发展的必要条件，良好生态环境是最公平的公共产品，是最普惠的民生福祉。决不能以牺牲环境、浪费资源为代价换取一时的经济增长。中国已经进入从追求高速度到重视高质量发展的新时代，开始积极探索环境保护新路，不断解放和发展绿色生产力，开创社会主义生态文明的新时代。

中国污水处理概念厂 1.0，是多方智慧不断碰撞激发的结晶，是"让概念成为现实"的第一个"小板凳"，是概念厂理念的实践探索和示范，虽然不完美，但梦想已经生根发芽。

2019 年 6 月 17 日，中国工程院院士曲久辉到睢县新概念污水厂调研时指出，睢县新概念污水厂在追求"水质永续、能量自给、资源循环、环境友好"四个方面，与传统的污水厂单一实现水质净化功能相比，有了质的变化；高度肯定新概念污水厂的建成是我国污水处理行业的一个里程碑，可称"中国污水处理概念厂 1.0"。曲院士提出一定要把新概念污水厂的经验推而广之；将新概念污水厂作为环境教育示范基地，举荐给行业专家、业界人士和政府官员，邀请有志之士深入调研，不断打磨中国污水处理概念厂。

本书是汪伦焰教授全面规划的睢县新概念污水厂系列成果之一，共三部分八章，第一部分污水处理的前世今生，由杨育红撰写，用三章探讨了中国污水处理概念厂的诞生、内涵，介绍了中国城市污水处理概念厂专家委员会的使命、设想和行动；论述了污水及污水处理的概念，污水观的演变和主要处理机理和工艺；展现了我国污水处理的设施、能力、排放标准等。第二部分他山之石助我攻玉，由杨育红撰

---

❶ 国家发展改革委，水利部．《国家节水行动方案》（发改环资规〔2019〕695 号），2019 年 4 月 15 日。

写，分三章介绍了英国、美国、新加坡的污水处理历史和经典水厂。第三部分智慧使概念成为现实，第七章由杨育红、侯佳雯撰写，重点描述了中国污水处理概念厂 1.0 版的河南省商丘市睢县新概念污水厂；第八章由杨育红、汪伦焰撰写，对中国污水处理概念厂的未来发展提出了美好愿景。

本书的创作和出版得到了华北水利水电大学管理科学与工程学科和河南省水环境模拟与治理重点实验室的资助支持。

感谢睢县水环境发展有限公司提供课题研究机会，感谢公司马亚榧、贺鹏晟、王认重、李军亮等给予的敏锐意见；感谢中持水务股份有限公司张翼飞的专业指正和项目建设团队提出的相关信息；感谢睢县新概念污水厂运营负责人郝宇峰提供的现场图片和实际生产数据；感谢所有被引用的参考文献作者和网络信息提供者；在终稿准备和出版过程中，中国水利水电出版社编辑魏素洁的鼓励及工作成效非常令人赞赏。

对污水处理概念厂的事业，一般人因看见而相信，而从事概念厂事业的这群人，因为相信而看见。我们希望能以新的视角不忘污水处理的本来，展望更加美好的未来。但愿本书对所有致力于中国污水处理行业发展和对污水处理事业有兴趣的人士有所裨益。

作者

2020 年 9 月

目录
CONTENTS

前言

第一部分　污水处理的前世今生

第三部分　智慧使概念成为现实

污水处理的前世今生

THE LIFE OF WASTEWATER TREATMENT

履不必同，期于适足；

治不必同，期于利民。

——清·魏源《古微堂·治篇》

第一章
中国污水处理概念厂

> 一小群有思想并且有着献身精神的公民可以改变世界。不要怀疑这种说法，事实上，世界正是这样被改变的。

> —— （美）玛格丽特·米德

第一节　中国污水处理概念厂：诞生

一、中国城市污水处理概念厂专家委员会成立

2013 年 9 月 26 日，有这么一小群环境领域专家相聚北京，宣布中国城市污水处理概念厂启动。 2013 年年底，中国城市污水处理概念厂专家委员会（简称"专家委员会"）成立，标志着我国建设面向未来、超越当今世界先进水平 20 年的中国污水处理概念厂开始由理念、愿景向务实、落地有组织推进。

专家委员会主任由中国工程院院士曲久辉担任，委员有清华大学环境学院教授王凯军，清华大学环境学院教授余刚，中国人民大学环境学院教授王洪臣，中国科学技术大学化学学院教授俞汉青，中国 21 世纪议程管理中心副主

任柯兵。

（一）使命

不能总是用别人的昨天来装扮自己的明天。 不能总是指望依赖他人的科技成果来提高自己的科技水平，更不能做其他国家的技术附庸，永远跟在别人的后面亦步亦趋。❶ 专家委员会身体力行，用智慧打破受制于人的旧格局。

创造未来的最好方法就是预测未来。 我们没有别的选择，非走自主创新道路不可。 专家委员会的使命是提出污水处理新概念，推出面向未来的工艺、技术与装备，推进概念厂建设，促进产业升级，带动中国水处理事业由跟跑、并跑到领跑的跨越式发展。

（二）办事机构

专家委员会秘书处是专家委员会的具体办事机构，承担专家委员会秘书工作，负责概念厂日常财务、项目融资及商业运作的管理，组织协调概念厂其他相关工作。

秘书处设在江苏省（宜兴）环保产业技术研究院。 首届秘书许国栋是中持水务股份有限公司（以下简称"中持股份"）董事长，时任江苏省（宜兴）环保产业技术研究院院长。

（三）组织特点

专家委员们因为相信而看见，所作所为具有理想主义的光辉。 自觉、自愿、自主为之奋斗，是专家委员会的特点。

概念厂专家以美好信念引领，为"打造一个面向未来、引导中国、影响世界的中国自己的污水处理概念厂"，他们将小我发展融入国家战略中，不懈努力，持续推进。

因共同兴趣和目的而集结的行业专家、业界翘楚，他们不脱离原来的工作单位，自觉为喜欢的事情奋斗；他们发挥各自优势，自愿为概念厂连接信息、人才、资源；他们欣喜组团，自主制定委员会章程，规划着中国未来的污水处理厂。

专家委员会立足现在，展望未来，跳出行业框框，进行跨界、跨业、跨学科交叉融合，为城市污水处理进行全新的系统勾画、整体描绘和顶层设计。 既仰望星空担大使命，又脚踏实地建小水厂，他们一座接着一座干，致力为世界污水处理贡献中国方案。

---

❶ 习近平. 中国科学院第十七次院士大会、中国工程院第十二次院士大会开幕会上讲话，2014 年 6 月 9 日 . http://cpc. people. com. cn/n/2014/0610/c64094 - 25125594. html.

(四) 设想和行动

专家委员会设想用 5 年左右时间，建设一座（批）面向 2030—2040 年、具备一定规模的城市污水处理厂。 中国城市污水处理概念厂的具体路线设想见图 1-1。

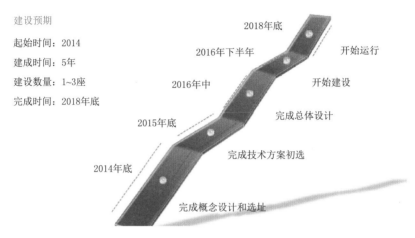

图 1-1　中国污水处理概念厂建设路线设想图

"明知山有虎，偏向虎山行。" 为了跃升行业智慧资源，凝聚学界共识，明晰业界方向，专家委员会赴欧美考察，研读美国 "21 世纪水厂" 和新加坡 "NEWater 水厂" 等成熟案例，结合中国的国情、水情和实情，开拓创新，计划建设一座（批）面向未来的污水处理厂。 实践证明，概念厂落地绝不是轻轻松松敲锣打鼓就能实现的，道阻且长，任务艰巨。

二、专家委员会干了什么

专家委员会希望以概念厂建设为抓手，树立我国城市污水处理高质量发展的未来标杆，催生决策者的新理念、产业界的新能力和研发上的新布局，记载中国污水处理由跟跑到领跑的历史性转变；将面向未来的中国污水处理概念厂建设成为业界的一个里程碑。 专家委员会成立伊始，通过组织研讨会、举办设计大赛和开展国内外考察等形式广泛宣传概念厂。

(一) 公开阐述和宣传概念厂

2014 年 1 月 4 日，专家委员会召开新闻见面会，首次向社会公开阐述中国污水处理概念厂的事业追求。 2014 年 1 月 7 日，《中国环境报》刊发专家委员会六位发起人共同署名文章《建设面向未来的中国污水处理概念厂》，全文见图 1-2。

10 | 水 Water
E-mail:chanjing9999@sina.com
责编:陈湘静　电话:(010)67113136　传真:(010)67102492　星期二　2014/01/07　中国环境报
产业周刊

建设面向未来的中国污水处理概念厂

曲久辉　王凯军　王洪臣　余刚　柯兵　俞汉青

经过30多年特别是近10多年的高速发展，中国城市污水处理取得了巨大成就。回望过去，辉煌毋庸置疑。但今天，有关污水处理行业的不足和困惑。从顶层设计到具体实施中对待发展理念的缺乏、导致行业的短视、粗放、滞后，还表现出若干功能缺陷或不合理、导致是现有了多种不适应，未来挑战依然严峻。

当前的积重现状放缓、受到挑战，城市污水处理行业面临单纯污染物削减向污水资源化的转变。本文对此进行了探讨和实践等在了广泛而深刻地的思考。而这些，正是中国污水处理未来发展必将面临的新挑战。

当前的积重放缓、受到挑战，中国污水处理事业在立足国情的前提下探讨是一次面向未来的系统探索。这一命题，希望通过互补互融通合方智慧解决、启动创新和创意，引领中国污水处理事业的升级发展。

编者按

本刊日前独家获悉，6位环境领域知名专家发起建立中国污水处理概念厂专家委员会，设想用5年左右时间，建设(或)新的面向2030~2040年、具备一定规模的城市污水处理厂。

这6位专家是：中国工程院院士、中国科学院生态环境研究中心研究员曲久辉，清华大学环境学院副院长、教授王凯军，中国人民大学环境学院院长、教授王洪臣，清华大学环境学院教授、中国21世纪议程管理中心副主任柯兵，中国科学技术大学化学学院教授俞汉青。

我们特别约请他们撰写卷首语，系统阐释各种对待中国污水处理发展的理念及对以"概念厂"的思考。在本文中对污水处理未来发展理念与实践。除此之外，我们也邀请相关这些把目的界限的相关工作。

他们希望，是一次激发智慧、创造价值的旅程，也必将是一次满意和期待。希望产业周刊的作为一个平台，凝聚政府和社会，共同推动污水处理事业有新一轮技术与管理的创新与发展。

发展趋势

污水处理功能变化明显

污染物削减功能继续进一步强化，低碳处理和能源高效，资源回收引起重视。在污水未来发展后，污水新的功能需求下，相关污水处理技术也将面临新的变革。

回顾百年来的城市污水处理，对改善人居环境、推动人类文明进步做出了巨大贡献。今年适逢"百年诞辰"的活性污泥法，标志着有效地通过了千百万物种，是现代污水处理系统的"分质"，上世纪60年代，美国提出了具有超前意义的"21世纪水厂"概念。即将污水处理处理成一个系统。对行业发展产生深远影响，而污水处理走过的道路上，这也是将来污水处理超过"NEWater"工程，通过污水到饮水的深度回用，带动本国水资源的有效利用、实现污水处理资源化发展进程。城市污水处理正在向着世界走向"绿色之中"、污水处理厂工艺。谱写新的一步步。

当今世界，随着环境形势、气候变化、能源安全以及资源短缺等更严重的问题日益凸显，污水处理行业面临了以下3个小管节点:

污染物削减减继续进一步强化。

一方面，随着新型污染物不断增加，污水处理对污染物的去除提出了新要求；而且现有处理厂的出水质量要求不断提高。为此，一些发达国家的污水处理厂正在向生物脱氮除碳（BNR）的工艺方向发展（ENR）方向发展。有些厂甚至还引入了水处理（LOT）技术，以至高级处理（高级氧化、及净循环技术也逐渐被引以，试图更加深度处理的污水回用到生产、生活、个人产品和娱乐的水环境的重要。

低碳处理和能源开发。气候变化

问题和能源问题是影响城市污水处理重要因素...

污水处理资源回收愈发重要...

发展与问题

基本建设完成不等于发展停滞

超常规发展的中国污水处理事业，面临著重解决以往问题和应对未来发展的追切需求，将成未以可持续发展为核心的全新时代。

1984年，中国第一座大型城市污水处理厂正式建设成并投入运行...

专家认为——

■ 以高效能化为代价实现的污染物削减与减排、减排了"减排污染物、增排限定气体"的模糊局面。

■ 近两年，发达国家污水处理厂提倡改造已经成为水提标改造必须同步进行的过程，而"提倡改造"在我国尚内将迟迟个"生自同"。

■ 中国城市污水处理事业必须将充以可持续发展为核心的全新时期，在相当一段时间内，中国仍将是世界上最大的污水处理市场。

■ 中国污水处理概念厂"不仅指单纯局限于通常意义上的单项工厂，示范工程，更应该表示的是一把将污水处理事业在当机遇和艰困难下向向未来的一次系统探索。

■ 作为现代城市重要的基础设施，污水处理厂不仅仅是技术与工程和工程的事物，而更应重视对其的影响。公众、工程师、监测到、规划师的、参与、更应体现，污水厂未来发展与社区全方位融合、互利共生的城市基础设施。

历史上的"概念厂"

美国21世纪水厂

从19世纪初开始，美国南加州污水厂就对污水资源化使用看重，为改善居民的生活质量和回用资源。1975年，加州成实了在对污水进行三级处理，中名为"21世纪水厂"。

21世纪水厂的工艺采用石灰澄清、反渗透+紫外线工艺，目前又采用了膜法+紫外+消毒工艺。今天30多年来，21世纪水厂成功为洛杉矶等地回用的大约，在污水处理领域产生了深远的影响。

新加坡 NEWater

新加坡自1998年开始实施研究一NEWater工程，旨在将城市污水NEWater水厂使用污水源源头，处理工艺是用超滤和膜法工艺相结合起来的污水回收技术，其出水包括膜法，连净循环等多重保障过滤处理。

NEWater处理厂的出水与来水水准要求，系通过严格检查的污水回收利用，是新加坡未来发展具有重要意义之。

概念厂内涵

践行先进理念 满足战略要求

实现水质标准提升、能源资源充分循环、社区友好等多重目标

我们的设想是：用5年左右的时间，建设一座(群)新的面向2030~2040年、具备一定规模的城市污水处理厂...

1. 使出水水质满足水环境安全和水资源可持续循环利用的要求...

2. 大幅提高用污水处理厂的能源和资源回收利用的效率...

现实意义

面向未来的一次系统探索

指引方向、树立标杆、服务未来，推动城乡绿色环境要素功能的实现，推动环保产业的升级换代

中国污水处理概念厂不能简单地照搬于通常意义上的单项工厂、示范工程...

2014 年 2 月 14 日，专家委员会集体亮相媒体沟通会（图 1-3），成为当年国内外污水处理行业最具影响力和里程碑的事件。

图 1-3　专家委员会 2014 年 2 月 14 日媒体沟通会

2014 年 3 月 1 日，专家委员会召开 2014 年年度会议。 讨论通过了 621 个字的简明、有力的《专家委员会工作办法》。 涉及概念厂专委会的缘起、使命、工作职责、权利义务、工作会议、工作任务委托、秘书处职责等核心内容。这个工作方法是概念厂工作的纲领性文件。 专家委员会的核心任务就是：决定做什么、决定如何做、由谁做、进行创新引导并进行广泛的国内外联系。 会议首次明确各自责任，见表 1-1。

表 1-1　　　　　　　　　　专家委员会及其专家各司其职

职　责	责任人	说　明
未来标准	余刚	未来水质标准体系研究
概念设计	王凯军	整合资源、组建团队，各自完成一套概念设计，包括能耗、新技术、资源回收及环境友好等方面
	王洪臣	
	俞汉青	
选址研究	专家委员会	以 GDP、人口和环境质量为基础，完成对中国城市水务基础设施调研

经过一年的深入调研和实地考察，通过全面剖析国外成功经验、汇聚中外污水处理专业人士、广泛征求各方意见，明晰了概念厂的具体内涵和建设形

式，专家委员会计划在 2014 年内完成概念厂址选择，针对有代表性的城市和服务区域，创新机制，整合资源，启动我国第一座城市污水处理概念厂的建设工作。

在污水处理概念厂的选址调研过程中，专家委员会综合考虑建设时间、区域定位和水质条件等约束性因素，以及人均 GDP、居民文化知识水平、污水处理需求等客观条件，认为北京市是污水处理概念厂的适宜建设地点。

2014 年 11 月 25 日，由污水处理行业领域的专家学者、业界政界人士参加的"中国城市污水处理概念厂北京选址座谈会"召开，与会人员设想在北京建设第一座能满足 2030—2040 年污水处理需求的城市污水处理概念厂，肯定了污水处理概念厂在北京选址的意义。

2014 年 12 月，水环境领域的钱易、张杰、曲久辉三位院士联名提交"关于在北京建设中国城市污水处理概念厂的建设"的"中国工程院院士建议"，希望北京市能成为第一个建设中国城市污水处理概念厂的城市。

（二）系列研讨会

专家委员会围绕概念厂自身建设的技术难题有组织开展针对性的小型专题研讨会，每次研讨会有国内外学者、同行 40～50 人汇聚一堂，深度交流。2014 年 5 月 4 日，以"汇报 交流 合力"为主题的中国城市污水处理概念厂沙龙在北京召开（图 1-4），学术界专家、相关部委和政府领导、企业界人士 50 余人为概念厂发展献计献策。

图 1-4 专家委员会 2014 年 5 月 4 日"汇报 交流 合力"沙龙

出席"汇报 交流 合力"的许多业内专家都对概念厂的初衷和理念给予高度肯定。 中国工程院院士、清华大学教授钱易表示："概念厂的想法既适合中国需要又符合世界潮流,方向性非常好,是目前中国绝对需要的。 概念厂的几个原则总结也很到位。 我们不光是建一个厂出来,还要面向全国,做一个指导性的东西,别人接受这个概念,可以依照这个结合当地的特点来设计。"

北京市市政工程设计研究总院杭世珺说："虽然我们称其为'概念厂',但实际上却是在做一件落地的事情,而且这件事情可以在中国起到一个示范的推进作用。 我认为概念厂的平台应该是在适合中国国情的前提下,打破现有污水处理厂的理念约束,挑选并掌握最好的技术来构建的一个未来污水处理厂。"

环保部科技标准司巡视员刘志全说："水处理需要有新思路、新技术、新模式,来推进整个污水处理技术的升级换代。 目前的污水处理厂已经到了应该转型的时候,且已具备转型条件。 概念厂推行过程中应注意以下几点:一是概念厂要与污水处理厂面临的问题相结合;二是概念厂作为示范项目,必然要和经济政策结合;三是标准。"

中国水协排水委员会秘书长杨向平也表示："污水处理并不是一个单纯的技术工程,而是一项社会工程。 新概念污水厂的提出,为大家提供了一个展望,并搭建了突破种种瓶颈的平台。"

2014 年 7 月 19—20 日,专家委员会工作会议在北京召开。 深入探讨了未来污水处理事业的发展趋势、技术的创新及工程实践应用的风险等。 参会人员及研讨会现场见图 1-5。

图 1-5　参加 2014 年 7 月专家委员会工作会议的国内外专家

图 1-6 专家委员研讨会白皮书

参会的有专家委员会的曲久辉、王凯军、王洪臣、余刚、俞汉青、柯兵；美国工程院院士、2007 年斯德哥尔摩水奖获得者 Perry McCarty，美国工程院院士、国际水协主席、美国西图公司首席技术官 Glen Daigger；李光耀水奖获得者、荷兰皇家科学院及荷兰工程院双院士 Mark van Loosdrecht；以及国家城市给水排水工程技术研究中心和中国市政工程华北设计研究总院总工郑兴灿，清华大学环境学院教授施汉昌和上海金州旭弗环境工程技术有限公司总经理朱明权等。 会后编写研讨会白皮书，见图 1-6。

2014 年 11 月 8 日，专家委员会在北京举行了 AB 工艺研讨会（图 1-7）。主流厌氧氨氧化工艺可以大大减少脱氮所需的能耗和化学品用量，是概念厂重点关注内容。 传统 AB 工艺的 A 段用于去除 BOD，B 段用于硝化，出水通过回流到 A 段实现反硝化。 近年随着学界对污水蕴含能量认识的加深，欧洲污水厂开始尝试通过 AB 工艺实现主流厌氧氨氧化，这使曾被认为过时的 AB 法工艺重新吸引了业界的关注。 研讨会上，中国市政工程华北设计研究总院总工程师郑兴灿介绍了中国的 AB 工艺案例，德国亚琛工业大学的 Max Dohmann 教授讲述了 AB 工艺在德国的发展情况、荷兰三角洲水委会（WSHD）的研究员 Stefan Geilvoet 博士分享了在荷兰鹿特丹

图 1-7 概念厂 AB 工艺研讨会现场

Dokhaven 污水厂进行的低温主流厌氧氨氧化中试研究成果。 这次研讨会对 AB 工艺的过去、现在和未来进行了系统性总结，对概念厂开展主流厌氧氨氧化在中国的可行性研究具有重要指导意义。

2015 年 4 月 22 日，专家委员会在北京召开"污水处理主流厌氧氨氧化机遇与挑战（Chance and Challenge of Mainstream Deammonification）"国际研讨会，见图 1-8。 会议邀请了厌氧氨氧化技术的 DEMON、Anita-MOX、ANA-MMOX 三大流派代表，美国 DC Water、HRSD 污水处理厂、奥地利 STRASS 污水处理厂、新加坡公用事业局（PUB）等代表，以及来自清华大学、中国人民大学、中国科学技术大学、哈尔滨工业大学、北京大学、同济大学、北京工业大学、中科院生态研究中心、北控水务集团、中持股份、中国市政工程华北设计研究总院、广州市市政工程设计研究总院有限公司、帕克环保技术（上海）等的国内外科研院所、业界专家分享经验知识和最新进展，共同探讨厌氧氨氧化在中国的发展之路。

图 1-8 "主流厌氧氨氧化机遇与挑战"专题研讨会

2015 年 6 月 16 日，专家委员会在北京召开"污水处理可持续曝气技术（Sustainable Aeration Technology）"国际研讨会。 曝气领域的代表有来自 UCLA（美国加州大学洛杉矶分校）、UC Irvine（美国加州大学欧文分校）、德国工程公司 RMU、赛莱默 Xylem（中国）公司、江苏菲力、安徽国祯环保、清华大学、中国人民大学环境学院、北京建筑大学、中国市政工程华北设计研究总院、京城环保、上海电力学院、武汉理工大学、北京排水集团、中持股份、新华社等国内外学术机构及水处理公司 40 余人分享了最新曝气系统的设计和实践的案例，探讨了可持续曝气未来发展趋势和风险，见图 1-9。

图1-9　污水处理可持续曝气技术研讨会

　　2015年7月28日，专家委员会在北京召开"城市污水中的微量有机污染物：挑战与对策（Trace Organic Pollutants in Urban Sewage：Challenges and Countermeasures）"国际研讨会。余刚教授及其团队做了"处理POPs（Persistent Organic Pollutants，持久性有机污染物）的高级技术"的专题报告，国际水协会（IWA）会士、西班牙圣地亚哥大学Juan Lema教授的"生物脱氮除磷工艺中微污染物去除的机理"报告，国际水协会（IWA）杰出会士、瑞士EAWAG的Hansruedi Siegrist教授做了"地表水中微量有机污染物的发展规律及控制措施"的报告，威立雅水务技术亚太区市政设计副总监平文凯对臭氧与活性炭联用去除微量有机污染物的Actiflo®Carb❶技术及反映其处理效果的在线生物指示进行了介绍。

　　为满足概念厂对科技和管理创新的需求，2015年9月22日，中国工程院、国际水协会、中科院生态环境研究中心、中国城市污水处理概念厂专家委员会在北京联合举办"中国工程院高端论坛——2015中国污水处理概念厂"，共同探讨如何在污水处理厂的设计和运行中实践可持续发展的全新理念。出席论坛的有专家委员会曲久辉、余刚、俞汉青以及中国工程院院士清华大学教授钱易；中国工程院院士哈尔滨工业大学教授任南琪；国际水协会（IWA）主席Helmut Kroiss；美国工程院院士国际水协会（IWA）前主席Glen Daigger；苏伊士集团副总裁Carlos Campos；美国工程院院士中国工程院外籍院士John Crittenden；

---

　　❶　Actiflo®Carb工艺是法国威立雅公司开发的一种粉末活性炭投加与Actiflo®高密度沉淀池相结合的工艺，由混凝、熟化、斜板沉淀以及微砂循环系统组成。

挪威科学技术大学教授、MBBR❶技术发明人 Hallvard Ødegaard 等来自世界各地的科研人员、工业代表、设计人员、政府官员。

2017 年 11 月 11 日，专家委员会、清华大学环境学院主办，江苏省（宜兴）环保产业技术研究院、北京金控数据技术股份有限公司承办了中国城市污水处理概念厂"污水处理未来的自动化（Instrumentation, Control and Automation of Future Wastewater Treatment）"国际研讨会。研讨会得到了国际水协会（IWA）、清华大学环境学院绿色基础设施研究中心、中持股份、江苏省环保装备产业技术创新中心、《给水排水》杂志、水世界的大力支持。

瑞典王国隆德大学的荣誉教授、ICA（污水系统的仪表、控制和自动化）创始人古斯塔夫·奥尔森（Gustaf Olsson），以"智能化水处理——ICA 技术发展的 40 年"为题，从物质流、能量流及信息流三个维度介绍了 ICA 技术。

清华大学教授施汉昌认为，无论从监测技术发展还是污水自动化来讲，污水处理厂都有非常大的发展空间。按照目前国家水环境情况和需求，总体来说，污水处理厂自动化与监测技术差距还是非常大的。在原有标准法的基础上，一些非常规的智能化仪器将成为未来趋势。

北京金控数据技术股份有限公司董事长杨斌指出，随着中国城市污水处理概念厂的推进，智慧水厂的概念也逐渐在污水处理领域深入人心，用智能技术来代替现在的管理人员和专家，实现污水处理厂的无人值守。

另外，北京工商大学教授刘载文介绍了污水处理过程智能优化控制技术。江苏省（宜兴）环保产业技术研究院总工陈珺分享了"智慧水务浪潮下的污水处理工艺发展"，提出"工艺是污水处理厂的核心，ICA 是污水处理厂的神经"。未来污水处理厂将向着更加密集性的方向发展，ICA 将会发挥更加重要的角色，功能会更强大。哈西公司高级工程师雷斌以"智能传感及控制技术助理污水工艺优化"为主题，介绍了分析技术、传感技术和自动化控制的结合。

中国城市污水处理概念厂专家委员会的事业是开放的。他们希望通过邀请不同专业人群参与的小型、务实技术研讨，多方听取社会意见和建议，广泛纳取来自国内外的智慧资源，积极吸取当代最先进的产业技术，实现技术整合，逐渐凝聚并形成独具判断力和影响力的智慧群体，带领事业不断向前。

（三）技术考察交流

2014 年初，专家委员会考察了美国加利福尼亚州 EBMUD 污水厂，威斯康

---

❶　MBBR，英文全称 Moving Bed Biofilm Reactor，即移动床生物膜反应器。

图1-10 专家委员会2014年
欧洲考察报告

星州 Sheboygan 污水厂，俄勒冈州 Durham 污水厂、弗吉尼亚 York River 污水厂、James River 污水厂、Nansemond 污水厂，乔治亚州 F Wayne Hill 污水厂。

2014年7月23日，"中国城市污水处理概念厂——欧洲考察2014"之行启动。专家委员会赴欧洲考察交流，编写考察报告，见图1-10。5天时间，走访参观了奥地利维也纳 Main WWTP、STRASS 污水厂，德国 Lingen 污水厂、慕尼黑 Gut Grosslappen 污水厂、Darmstadt 污水厂、曼海姆污水厂、汉堡污水厂，荷兰 Amersfoort 污水厂、Apeldoorn 污水厂，丹麦奥登塞城的 Ejby Molle 污水厂，以及挪威、瑞典等6个国家的13家典型的污水处理厂。考察内容包括欧洲污水厂的能量自给计划、厌氧氨氧化工艺、低能耗曝气控制系统、污泥热水解及厌氧消化、微污染物的去除、磷回收技术等；并同污水厂的负责人进行了深入交流和探讨，直接感受国外行业的前沿实践，对欧洲污水处理蔚然成风的能源自给理念留下了深刻印象。

2015年4月底，专家委员会秘书处派代表参加荷兰瓦赫宁根大学环境技术系50周年庆典研讨会，通过走访好氧颗粒污泥技术的主要贡献组织和个人，对好氧颗粒污泥技术商业化的成功之路进行探究。秘书处代表采访了荷兰应用水研究基金会（STOWA）的污水处理项目经理 Cora Uiterlinder、荷兰 Royal HaskoningDIIV 公司业务发展总监 Paul Roeleveld、代尔夫特理工大学教授 Mark van Loosdrecht 和助理教授 Merle de Kreuk。了解好氧颗粒污泥技术是如何从荷兰诞生的，它又是如何不断成熟并最终投入生产的，探讨了这项技术在世界和中国污水处理市场的应用前景。

2016年11月27日至12月4日，在专家委员会和国际水协会（IWA）的支持下，江苏（宜兴）环保产业技术研究院组织了"探寻未来水科技之路"美国研修班，对污水再生至饮用水标准的洛杉矶 21 世纪水厂、世界最大的芝加哥 Stickney 污水处理厂、华盛顿首座的 blue plains 污水处理厂三座最具技术特色的污水处理厂零距离接触，借鉴他山之石探索中国面向未来的污水处理事业的理念和技术。

（四）校园创意设计大赛

为了更好地扩大概念厂在青年学子中的影响力，为未来播下种子，2014 年 9 月 19 日，专家委员会发起、主办，国家高新区宜兴环保科技工业园与江苏（宜兴）环保产业技术研究院共同承办了"概念厂·水未来——我心中的中国城市污水处理概念厂"校园创意设计大赛。全国 100 多所高校、163 支参赛队伍近千人参赛。2015 年 6 月 16 日，校园创意设计大赛总决赛在北京举行。一等奖获得团队及其获奖作品见图 1 - 11。

图 1 - 11　"概念厂·水未来"入围总决赛全体合影

清华大学 913 团队是一等奖获得者，获奖作品 City - X - Plant 取意像森林呵护着地球。都市森林 X - Plant 利用森林在自然界的作用，将 X - Plant 类比为城市的生产者，就像植物（Plant）一样。这里的 X - Plant 中 X 代表着可以履行的多种职责。主要含有三层意思；第一，是一个污水处理厂；第二，是一个再生水、资源、能源生产工厂；第三，是一个具有未知功能的水厂，是一个与时俱进的、随着人类发展的不断变化和人民群众对美好生活的追求而存在着的变量。同时，X - Plant 也是城市的自变量，X - Plant 的存在发展，影响着城市

15

变革求新。

都市森林 X-Plant 创新性地提出了城市污水处理厂具有"金、木、水、火、土"五个中国元素，以水质永续（水）、能量自给（火）、资源回收（金）、释氧产绿（木）、空间拓展（土）及环境友好（+）为目标，并通过工艺参数优化组合与精确计算，确定了 X-Plant 水厂的工艺组合和重要运行参数，可实现城市污水处理厂由资源能源消耗和环境污染大户向具有资源能源输出和城市生态景观美化功能个体的真正转变。

曲久辉院士寄语参赛选手，"概念厂"设计大赛关心的不是概念，而是未来……未来不仅需要创意，更需要我们脚踏实地地去行动，用我们的智慧去创造没有污水的未来，用我们的行动去实现充满智慧和光明的未来。

（五）微信公众号营销

2014 年正是微信公众号营销进入快速增长的时期。概念厂团队借助江苏省（宜兴）环保产业技术研究院所属的微信公众号 huanbaochanye "JIEI 创新实验室"，在网上发起污水处理厂的探讨文章，通过《环保产业》杂志进行创新创业环保产业新动力、污水处理脱氮、活性污泥 100 年、厌氧必大行于世等专刊讨论，对中国污水处理概念厂理念宣传和落地进行了有益的探讨，引起业界热烈回应，许多公众号和网站平台纷纷转载。这种利用新媒体促进对专业问题思考的做法也得到业界的高度肯定。

三、专家心目中的"概念厂"

"中国城市污水处理概念厂"是什么样子？六位发起人满怀喜悦、无限憧憬地描述自己对污水处理概念厂的看法以及多年来对中国污水处理事业的相关思考。他们为解决中国水问题，大胆尝试，创造性地勾画着具有中国智慧、中国元素、中国特色的污水处理概念厂的未来形态。

中国工程院院士曲久辉对概念厂的愿景是既要展示未来的模式，代表未来的发展方向；又要展示超前的理念，不仅仅是设计理念，还有管理、风险控制、资源化利用和运行机制；更要务实，不能仅仅停留在理想状态，要付诸实际。他设想将来的概念可以做成实体模式和虚拟模式两种。实体模式，就是选点建设、实地运行；虚拟模式就是要展示概念，可以理想化一些。曲久辉院士说："建设面向未来的中国污水处理概念厂是一项具有前瞻性和挑战性的事业，我期待它会成为一个里程碑，记载中国污水处理由跟踪到引领的历史性转变。我们将为此而不懈努力。"

　　清华大学教授王凯军被誉为中国水处理领域的战略家。 他认为，污水处理经过百年的发展，在可持续发展、碳减排需求下的有益探索，已经具备了重大突破技术基础，概念厂通过探索新机制，摆脱现有发展框架，争取在中国率先实现污水处理方式的重大变革，这对业界有重大的意义。 未来我国污水处理厂应遵循三个建设原则：第一，符合人类社会可持续发展需求；第二，符合国际社会对温室气体控制的要求，就是碳减排，如果以碳减排来指导整个污水处理厂的设计，其整个理念、工艺的选择可能发生根本性变化；第三，符合人与自然和谐发展。

　　中国人民大学教授王洪臣心目中的中国污水处理概念厂，是"Tomorrow WWTP❶"，即明天的污水处理厂，关系着人类的能源和水资源，事关人类的未来。 水（Water）、有机质（Organic）等营养物（Nutrients）资源彻底回收和物质（Matter）完整循环、能量完全自给（Energy）等要素被他演绎为颇具中国特色的"WOMEN"概念。 他认为污水处理产业不能再简单"堆积木"，而是需要一个"有显示度的项目"来引领方向。 王洪臣说："建设一座面向未来的污水处理概念厂，可使一个'脚踏实地'的行业开始'仰望星空'，引领行业实现跨越式发展。"

　　清华大学教授余刚表示，污水处理概念厂应该满足环境友好、资源回收、科学经济适用的技术需求。 要对以往的处理工艺有所检视，并考虑对药物、个人护理品等新产生的污染物提供相应的标准，对未来包括污染物排放、臭气、污泥处理处置在内的污水处理标准起到引领作用。 余刚表示："要通过这项事业的推进，不断出成果，形成学派，对业界产生积极的影响。"

　　中国科学技术大学教授俞汉青主要从事废水处理理论和技术、有机废弃物资源化和能源化技术和污染控制材料等方向的研究。 现有的污水处理工艺，都会消耗大量的外部能源和资源。 与此同时，低碳经济、全球变暖、粮食安全等因素促使我们一方面要考虑减少能耗物耗，一方面又希望减少可能的新的污染物。 污水是重要的可再生资源，应该把它耗能耗物这一基本属性，转变成从污水中可以回收点什么。 俞汉青表示："污水处理概念厂的建设有赖于科学原理的新认识、关键技术的进步、相关学科的交叉和机制的创新。 希望通过概念厂让我们重新认识水，让社会重新定义污水。"

　　中华人民共和国科学技术部中国 21 世纪议程管理中心副主任柯兵认为概念

---

❶　WWTP，是 Waste Water Treatment Plant 的首字母缩写。

厂不同于传统污水处理厂的设计理念，应把更多的污染物转化到污泥中，然后通过一系列的厌氧好氧发酵，将污泥变成富含营养的有机肥，回归土地。在与周边社区的关系上，也希望概念厂能一改污水处理厂离群索居的形象，能够探索出公众参与的新模式。他说："概念水厂融合的技术、工程示范彰显的理念、运行机制和模式的探索，都能够起到前瞻性和引领性的作用，具有方向上的意义。"❶

中国的治水实践进入了独自求索的"无人区"。专家委员会期望能与更多志同道合的伙伴们一起并肩奋斗，同时，他们积极寻求与政府和社会沟通，整合有效资源，带动整个行业，推动污水处理新技术研究、产品开发、规划建设提升以及运营管理水平的提高，明确未来污水处理发展方向，激发污水处理事业技术与管理的新一轮创新和发展。

第二节　中国污水处理概念厂：内涵

"中国污水处理概念厂"是对污水处理厂的重新定义，是现有污水处理厂的升级和跨越，既是一以贯之，一脉相承，更是"青出于蓝而胜于蓝"。"水质永续、能量自给、资源循环、环境友好"的追求、目标也是中国污水处理概念厂的主要内涵和建设理念。

一、水质永续

污水处理厂出水水质标准无疑是污水处理厂首要考虑参数。概念厂就是净水机、过滤器，是人工强化的水体自净机构，是实现水循环利用的关键环节。

水质永续是指使出水水质满足水环境变化和水资源可持续的需要。水质标准应包含面向水环境保护需求和面向水资源可持续循环利用的两类标准。其中，第一类是指根据当地环境和社会可持续发展要求而需达到的出水水质标准，应在顶层设计、长远规划的基础上提出；第二类是完全满足水资源循环利用的标准，使污水从根本上实现再生，这类标准应考虑对包括新兴污染物在内的有毒有害污染物的深度去除，对缺水地区的水生态安全发挥保障作用。概念厂有望成为"自然-社会二元水循环"顺畅流通的调节阀。

---

❶ 建设面向未来的中国污水处理概念厂 引领城市污水处理高质量发展 [J]. 给水排水，2014，40 (3)：112.

二、能量自给

概念厂应该是践行"安全、绿色、高效"能源系统的排头兵,是节能低碳绿色工厂。 在有适度外源有机废物协同处理的情况下,采用沼气发电,大幅提高概念厂的能源自给率,实现新增热能、电能零能耗,甚至盈余能量服务周边群众,发挥工程减排温室气体的力量,取得多赢效果。

污水中蕴藏着巨大的能量。 一方面污水中的有机物富含能量,合理利用通常能节约污水处理厂能耗的 $1/3\sim1/2$;另一方面,污水处理新工艺、新技术、新装备以及运营方式也有广泛的节能效果。 在发达国家较为成熟的一项开发实践是通过污水污泥厌氧发电回收能量。 研究显示,仅以高效厌氧消化等成熟技术进行能量回收,污水处理能量自给率就可达到 60% 以上,欧洲有的污水处理厂甚至实现了完全能量自给。 污水处理厂的大面积占地也为太阳能利用提供了可用空间。 合理集成以上方面,概念厂将实现在污水处理耗能基础上普遍节能 50% 以上,在具备有机物外源时做到能量自给。 沿着概念厂的方向发展,有望为整个社会减少 1% 的能耗。

三、资源循环

自然界没有废物。 概念厂应该将"废弃物"恢复"完好如初"或制造有用的东西,追求物质合理循环,减少对外部化学品的依赖与消耗,实现资源"从摇篮到摇篮",改"提取、制造、丢弃"的旧模式为"废弃、制造、提取"新思路,真正地诠释"细水长流"这句老话。

污水中富含有氮磷、有机质,一切人类使用过、丢弃掉的物质都能在污水寻到踪迹,通过先进工艺,合理转化物质的液态、固态、气态,将物质集中到概念厂资源化、无害化的副产品污泥里,结合我国农业大国的国情,最终走向社会生产或回归自然。

考虑到全球磷矿石资源的不可再生性,磷的回收与循环最先在全球范围受到重视。 目前,世界上已经有 70 多个污水处理厂采用了磷回收技术,遍及欧洲、美洲、亚洲,从污泥焚烧灰分中回收磷是在日本、瑞士等国家非常流行的技术路线。 从污水中回收的纤维素在去除水分之后可以用作生物燃料或其他产品,比如作为透水沥青铺在自行车道上。 污水在回收纤维素之后的处理能耗也会降低 15%～20%,可谓一举两得。

污水中另一大营养物质氮的处理是一个更为宏大的环境问题,开始受到广泛关注、研究。 十年前我们谈低碳社会，下一步的发展方向为推动低氮社会。而在整个污水处理的循环过程中，氮回收是至关重要的一环。 通过对中国氮循环的研究发现，人工固氮在各种固氮方式中所占比例最高，为 37.1×10^{12} t。 而污水处理厂 2.5×10^{12} t 的回收氮的潜力相当于人工固氮总量的 10%，也就是说如果从废弃物中回收氮来替代国内氮肥的输入，相当于节省电量 500 亿 kW·h。氮回收的节能减排潜力很大。

概念厂还应结合工艺优化选择，最大程度降低对外部化学品的依赖与消耗，在更广意义上减少社会总体资源与能源消耗，降低化学品的引入带给概念厂最终产品的环境风险。

四、环境友好

一面科技、一面自然，建设感官舒适、建筑和谐、环境互通、社区友好的水环境基础设施，才是面向未来的污水处理概念厂该有的形态。

概念厂是邻里和谐的社区公园和城乡生态综合体。 首先，概念厂要保障出水、出料、出气、出声等的安全友好，并用多种方式展示这种"低调、奢华、有内涵"的高品质；同时，追求与高品质内涵相匹配的外观庄重、与周边自然环境相适应的工业建筑；并且，营造开放空间和科普展厅，向公众展示污水是如何"改头换面""完璧归赵"的，增加亲民感，拉近和周边社会的心理互信距离；最后，概念厂还应是"栽下梧桐树引得凤凰来"的金招牌，土地是最宝贵的紧缺资源，未来的概念厂最重要的不是节约占地，而是要不影响周边土地的使用功能，还要化腐朽为神奇，成为"画龙点睛""点土成金"的赋能"梧桐树"。

总之，环境就是民生。 中国污水处理概念厂应以安全、绿色、低碳、开放为基调，能够真正体现我国"创新、协调、绿色、开放、共享"的新发展理念和以人民为中心的根本立场。 良好生态环境是最公平的公共产品，是最普惠的民生福祉。

中国地域很大，还要考虑地域特点和城乡特征，推出不同版本的概念厂，不断升级，满足需求。 选择的地区是制约性的问题，如果以能源自给率为方向，示范工程可能要选在北方，在南方要另辟蹊径，考虑节省建设投资和建设用地等因素。

中国污水处理概念厂的提出、尝试和建设，意味着概念落地，示范成效已经"破土而出"。 曲久辉院士表示，现在建设的污水处理概念厂，是一点点聚集能量的星星之火，无先例可循，我们姑且称之为"中国污水处理概念厂 1.0"，它是"中国污水处理概念厂"的"生根发芽"。

第三节　中国污水处理概念厂 1.0

小水厂，大使命。创新思路可以天马行空，但应用还得脚踏实地。中国污水处理概念厂的概念实现和建设进程是尊重自然规律、适应社会规律的，必须分阶段、分步骤进行。走好第一步很关键，概念厂的第一版就是探索、示范、立靶子的中国污水处理概念厂 1.0，既要具有概念厂的四个追求的基本特征，又要因地制宜多样化建设，它不是一步到位的奢侈品，是具有不同模式、特点和标准的适宜品。

一、高开渐进谨慎而行

未来水处理技术和产业的愿景、方向、机遇就是六个字：低耗、循环、清洁。要想梦想成真首先要脚踏实地，要从现在国家、技术发展的情况出发，尊重不同发展阶段的历史事实，遵循经济学原理和客观规律，跳出污水这个圈、这个点，从整个流域考虑，去发掘那些适合将来污水处理厂的技术。中国污水处理概念厂 1.0 结合地方实情、水情，与传统污水处理厂并行建设，但目标高远，是概念厂的落地版和初阶版。

（一）概念落地

"中国污水处理概念厂"是我国污水处理行业的一个崭新思路，与国际污水处理发展同向而行，又极具先示范、后推广的中国决策特色，是能够引领行业发展和产业进步的，也是务实的，是一个看得见摸得着的东西。

污水处理"概念厂"，来源于汽车行业的"概念车"，都是希望通过前瞻的构思、独特的创意和最新的科技成果打造出城市明天的污水处理行业的"概念厂"，以探索中国环境保护的未来方向，改变人们对污水处理理念的认知，推进行业的发展与进步。

概念车，意味着摆脱生产制造水平方面的束缚，极尽想象和夸张地向人们展示设计人员新颖、独特、超前的构想，尽显创意的独特魅力。就像一个概念，超越时空，寄托一种美好的愿望，反映着汽车行业设计人员对未来汽车的梦想和追求。但是有的概念车设计之初就定位于"概念"，永远不可能投入生产使用，只是为探索汽车的造型、采用新的结构、验证新的原理等提供样机；有的概念车即使投产也是屈指可数，因环境、科技水平、成本等因素限制，不可能量产造福大众；大多数概念车仅仅是世界各大汽车公司展示其科技实力和设计观念的炫目方式。

"概念厂"和"概念车"一样，立足时代科技成果，代表未来发展方向，在设想和现实之间进行着大胆、创新的探索，都有着引领未来的气质和担当。但是"概念厂"和"概念车"又有着不一样的实践追求。

"中国污水处理概念厂"一经提出，就有明确的目标："用 5 年左右时间，建设一座（批）面向 2030—2040 年、具备一定规模的城市污水处理厂。"这些概念厂能够充分满足中国城市可持续发展的战略要求，实现我国污水处理领域由跟跑到领跑，并期望成为国际水处理界的最新标杆和新高地。同时，概念厂还将成为国际水处理工程技术考察、观摩学习的重要项目，成为我国高质量发展的强大领域引擎。

（二）初阶成果

专家委员会将概念厂划分为三个阶段，即初阶 BEST 版、中阶 SE 版和高阶 SER 版。

1. 初阶目标

初阶目标，即第一个阶段"BEST"。包含四个部分，其中，B 是 Brilliant（卓越），指卓越的处理工艺、卓越的机电设备和卓越的控制策略；E 是 Ecological（生态），指与人居环境相融合、与自然环境相融合及与城市生态相融合，一个污水处理厂一定要有利于改善一个地区的生态环境，如增加湿度等，这是原来的设计中所欠缺的；S 是 Sustainable（可持续），是世界经济论坛（The World Economic Forum，WEF）的观点，即能量自给、有机质循环、无机质回收；最后要 T 是 Transparent（清澈），指传统污染物（BOD、COD❶、氮磷）浓度低、新兴污染物要去除、确保感官指标良好。美国的"21 世纪水厂"当时就打了个品牌，有一步是用石灰处理污水，因为这样处理后的水能够变蓝，感官度好。

BEST，最好、最佳，也可以理解为最佳污水处理厂（Wastewater Best Treatment Plant，WWBP），核心理念是以集成现有的最佳技术为主。就是最佳的工艺和设备、最佳运行与管理从而产生出最佳水质与效益。水质是最本质

---

❶　BOD，Biochemical Oxygen Demand，生化需氧量；COD，Chemical Oxygen Demand，化学需氧量。

的东西，但还不是最终的目的。 概念水厂最终要提高处理标准、提高能效物效、开发污水当中的潜能。

这个版本是基于未来 5 年之内建成的现状提出的，河南睢县新概念污水厂是该阶段的代表性作品。

2. 中阶目标

中阶目标，即第二个阶段 "SE" ——"Self - sufficient Energy"，能量自给是该阶段污水处理厂的基本要点。 "Self - sufficient"源于节能降耗做得很成功的欧洲污水处理厂。

如果在第一阶段，概念厂能耗估算较现有基础上能耗降低的话，相当于一个开源一个节流，节约能源能达到 50%，那么在第二阶段，就希望能够实现能源的完全自给。 例如，一个服务 50 万人口的 10 万 t/d 污水处理厂，初步可估算该服务区域所产生的餐厨垃圾蕴含的能量已经远远超出污水处理厂所需的全部能量，即通过工艺优选从餐厨垃圾回收的能量可以满足污水厂的能量需求。

污水本身是从卫生间出来的，餐厨垃圾是从厨房出来的，本来两不相犯，但为了回收能量，实现能量自给，美国曾在 20 世纪 70、80 年代要求家家户户用破碎机，将破碎的餐厨垃圾和生活排水"同流合污"一起都排到下水道，进入污水处理厂进行能量回收。

我们国家现在不需要、也不必要照搬固液"同流合污"的做法，那样会徒增污水排放量，给收集管网增加压力。 可以试着把餐厨垃圾、畜禽粪污单独收集，运到污水处理厂，通过技术集成和融合，粪污搭载污泥等有机质处理便车，进行能量、资源回收，实现能量自给，物质循环。

"SE"还有 "Social & Economic"社会效应和经济效应深层涵义。 经济效应就是不需要新增能源，可以省钱，更重要的是不耗能可以直接减少碳排放，这样的社会效益也是好的。

3. 高阶目标

高阶目标，即第三个阶段 "SER" ——"Self - sufficient Energy & Resource - recycling"，能源自给、资源循环污水处理厂，也是 "Tomorrow WWTP"的最终版。 概念厂出水可以直接由工厂到水龙头，是实现从马桶到水龙头（from toilet to tap）衔接的关键环节。"SER"最终产生的水可以称为 "Tomorrow Water"。深刻体现了"国际人权宣言"要求企业承担的社会与环境责任（Social & Environmental Responsibility）。

"Tomorrow WWTP"也是集未来的水资源保障中心、能源提供中心、资源回收中心和休闲娱乐中心等为一体的功能性公园。

中国城市污水处理概念厂 1.0 是中国污水处理事业在当前机遇和挑战下面向未来的一次系统探索，对政府、学术界、产业界、企业界、资本市场意义重大，体现了以全局性、整体性、战略性、前瞻性、顶层性的思维，谋划部署中国特色污水处理事业的重大时代课题的现实导向。

二、共生共建开放之路

污水处理不仅仅是一个环境工程、市政工程，还是一个社会工程，一个多功能的社区公园，担负着与周围自然社会生态环境和谐共存，与生产发展、生活富裕共生共荣的大使命。

（一）共生

中国污水处理概念厂 1.0 尊重自然规律、经济规律、社会规律，与自然生态和谐共存，初步链接起水从哪儿来到哪儿去的路径，实现了"完璧归赵"。

概念厂 1.0 是水源工厂、能源工厂、资源工厂"三个工厂"的初步实践。可以实现处理后的水作为生态基流直接排放到自然水体，也可以完全深度回用到水源地；通过在污水管道里借助新的技术（像膜技术等）进行浓缩，浓缩液的厌氧发酵能达到能源的收集利用，可以考虑利用包括餐厨垃圾在内的城市垃圾，生产沼气、发电自用；实现有机质的科学合理回收，沼渣、沼液、畜禽粪污等相互借势，形成新力量。在厂区内要建设有机农业试验田、休闲观光湿地等功能性景观，要基本体现中国污水处理概念厂的四个追求。

污水处理之所以陷入困境，除遇到资金、制度等问题，还局限于领域，"山重水复疑无路，只缘身在此山中。"需要深刻认识山水林田湖草、人与自然生命共同体，将污水放入水循环大圈中，打破城乡、工农业、"三生"壁垒，考虑固液气"三态"转换基本原理，实现人与自然和谐共生。

（二）共建

中国污水处理概念厂 1.0 是用整体观、系统论的思维设计建设的。但由于污水处理工程的建造、运营与维护都需要大量资金，政府财政杯水车薪。英美等发达国家水处理产业面临的最大问题也是资金困境。而现阶段我国发展迅速的民营经济体雄厚的社会资本为污水处理行业采用 PPP（Public - Private Parnership，政府和社会资本合作）提供了强大的动力和坚强的后盾，通过充分利用民营经济体在技术、管理上的优势，可以实现多方共赢。PPP 项目运作模式体现了政府、企业、专家、用户等利益相关者全员全过程全方位参与的社会工程属性。

社会资本进入污水处理领域建设，将不仅为污水处理项目带来庞大的资金，缓解政府财政压力，优化政府职能，还会带来先进的技术和科学高效的管理，促进污水处理基础设施服务供给质量和效率的提高。政府可以将财政资金投入到其他更多的基础设施建设中，以提高社会总体基础设施服务供给质量和效率，为更多人民谋取福利。

概念厂总体模块分为水处理模块、资源化模块、管理模块、发展模块四大块。其中，水处理模块是指在实体水厂中可以选择一些能够实现的工艺，不必将饮用水标准作为"一刀切"目标，而应结合实情、水情，设计有差别化的排水标准。资源化模块就是前面提到的"三个工厂"概念中的能源工厂和资源工厂，这个模块中可能会选一些比较综合型的能够实现的、看得到工艺效果的技术，是常规工艺设施、技术的整合、融合、组合，而不是说"蹦一蹦"还无法实现的"水中月、镜中花"设计模式。管理模块就是要突破现有的体制、机制和制度约束，创新管理模式，运用物联网技术、信息技术、传感技术提高运营管理水平，通过区块链技术增强政府监管水平。发展模块，体现留白也是发展的理念，就是先预留一些东西，更多的是预留一些接口，在这些接口上能把一些新技术、新想法及时展示出来并运用在实践中。

本　章　小　结

水是自然界最活跃、灵动的因子，生活、生产用水排水，生态输水受水，往复循环。生活、生产、生态"三生"相依，休戚与共。污水处理厂是"三生共融"的关键环节，是化腐朽为神奇的点金石，中国污水处理概念厂应该是全社会共同努力的成果，是资源整合、力量融合、功能聚合、手段综合的集大成者和集结载体。肩负着扭转污水处理厂生态负资产的不利局面、向生态正资产转变的使命。项目的单一性、复杂性注定概念厂的建设不是一帆风顺的，不可能一蹴而就、立竿见影，更不是大规模的复制普及。

第二章

污水及污水处理

　　水怎么从人见人爱的资源变成了人人喊打的污水了呢？长久以来，从自然界汲水，用过的水排回自然界，天经地义。人类与水相安无事，水被认为是取之不尽、用之不竭的可再生自然资源。工业革命中新兴工业城市崛起和"石油农业""化学农业"规模化的全球推进，犹如一道闪电划破寂静的夜幕，自然净化的处理过程和处理速度，不再能满足人类对受纳水体的水质要求。工农业生产、生活的排水成了危害公众生命健康、恶化水环境质量、加剧水资源短缺的废污水，人工强化的污水处理作为城市发展的衍生物而诞生，并在不断刷新的行业发展观中得到深化。

第一节 污水是什么

一、污水概念

污水，又称"废水"，或"用过的水"，可以从多个层面进行定义，但就其本身而言，暂时没有一个被普遍接受的定义。废水本身是与水质和水功能不适合、不适应、不适宜的一种特殊状态。《联合国世界水发展报告2017》中的废水"被认为是下列一种或多种的结合体：生活污水，如黑水（排泄物、尿液和粪便污泥）和灰水（洗涤水和洗澡水）；商业机构和组织（包括医院）产生的污水；工业污水、雨水和其他城市径流；以及农业径流、园林排水和水产养殖循环水。"USEPA（美国环境保护署）定义废水为"已经使用过且含有溶解或悬浮废物的水"。我国《污水综合排放标准》（GB 8978—1996）定义污水是"指在生产与生活活动中排放的水的总称"。

本书中的"污水"是指人类生产生活过程中排放的，因某种物质的介入或外界条件的变化，导致其受纳水体物理、化学、生物或者放射性等方面特性的改变，从而丧失了原来使用功能的水，即受了污染的水。污水与"废水""用过的水"可互相替代使用，不做严格区分。常见的固定搭配有生活污水、工业废水、医疗废水等。

污水的危害罄竹难书。如果被污染的水直接用于烹饪、饮用或者灌溉，人类健康、环境质量和经济发展就会受到威胁，无异于饮鸩止渴、自取灭亡。联合国儿童基金会和世界卫生组织联合发布《2000—2017年饮用水、环境卫生和个人卫生进展：特别关注不平等状况》报告说，截至2017年，全球仍有22亿人无法获得安全饮用水，42亿人缺少基本卫生管理服务，30亿人不具备基本的洗手条件；每年有29.7万名5岁以下儿童死于与饮水、环境卫生和个人卫生欠佳相关的腹泻病。这组数字比2010年两组织联合公布数据有所增加，2010年联合监测报告显示，全球有8.84亿人缺乏安全饮用水，26亿人不能享受基本卫生设施，每年有约150万5岁以下儿童死于与饮水和卫生设施相关的疾病，全球88%的腹泻与不安全饮用水、缺乏卫生清洁或卫生条件差有关。

尽管2000—2017年，全球在实现普遍获得基本用水、环境卫生、个人卫生等方面取得了重大进展，但在提供的服务质量方面还存在巨大缺口，从受污染人口数量和产生新污染方式的技术开发角度出发，水污染造成的危害程度加剧了。

为减轻这些危害，有必要在污水排放到环境前，有效去除污水中的有害有毒物质——水污染物。

二、水污染物

直接或者间接向水体排放的，能导致水体污染的物质被称为水污染物。目前，水污染物可分以下 6 类。

（一）有毒化学物质或酸类物质

有毒化学物质或酸类物质，有来自农田和城市的地表径流或灌溉尾水的氯化物、致病微生物、重金属、持久性有机污染物，以及来自大气沉降、矿山排水和有机物分解形成的酸类物质等，可导致敏感水生生物体死亡。其中，持久性有机污染物通过在生物体内的生物富集和在生物链中的生物放大等生物积累效应，最终对人类健康甚至生命造成威胁。

（二）溶解性有机物

溶解性有机物会在水中衰减，是一类重要的水污染物。如生活污水和食品、造纸、石化等工业废水中含有的糖类、蛋白质、油脂、氨基酸、脂肪酸、酯类等有机物，会在水中微生物作用下最终降解为更小、更简单的分子，降解过程中消耗大量的氧气。如果水中存在过多的有机物，可导致水中溶解氧消耗殆尽。随着厌氧细菌开始降解污染物，常伴有恶臭和令人不舒服的味道，影响人类健康和环境质量。

（三）病原体

病原体在全球大多数地区，特别在欠发达地区是十分重要的污染问题。生活污水、医疗废水和屠宰、制革、生物制品等工业废水中常含有寄生虫、致病菌，以及传播霍乱、伤寒、胃炎、肠炎、痢疾等传染病的病原体，未经处理排入水体，会引发传染病的大规模流行。如英国暴发的 1831 年、1848 年、1853—1854 年、1866 年四次霍乱大流行，德国 1892 年霍乱流行和上海 1987—1988 年甲肝流行等都是由水中病原体引起的❶。1991 年，秘鲁因排放未经处理的城市废水，造成 32.3 万人感染，2900 人死亡的严重霍乱疫情。

（四）植物营养物

植物营养物，主要来自生活污水、农业尾水和部分工业废水所含的氮、磷化合物。氮、磷是植物生长所必需的营养物质，在水中过多存在会使藻类等水生

---

❶ 左玉辉. 环境学［M］. 北京：高等教育出版社，2010：24-29。

植物大量繁殖和过度生长，导致水体富营养化，表现为海域的"赤潮"和江河湖泊的"水华"现象。中国生态环境部《2018 中国环境状况公报》公布，全国地表水监测断面中主要污染指标为氨氮[1]；太湖、巢湖、滇池的富营养化程度居高不下，总磷是主要污染指标；江河、湖泊（水库）重要渔业水域主要超标指标为总氮、总磷；全国近岸海域水质主要污染指标为无机氮和活性磷酸盐。

（五）水中颗粒物

水中颗粒物特指水中的细小固体或胶体物质。主要来自采矿、建筑、冶金、化肥、化工等工业废水和生活污水。颗粒物悬浮在水中，能改变水体的透明度，使水体浑浊，影响水生植物的光合作用；颗粒物沉积水底，会使底栖生物窒息、覆盖产卵场所、淤塞水体。此外，悬浮的无机和有机胶体是吸附、携带水中营养物、有毒物质、重金属等的载体，可形成危害更大的复合污染物。

（六）药品和个人护理品

药品和个人护理品（Pharmaceuticals and Personal Care Products，PPCPs）是 20 世纪 90 年代以来引起关注的新兴水环境污染物，包括了天然及人工合成的雌激素、合成类固醇、雄激素、止痛剂、降血脂药以及杀菌消毒剂、抗氧化剂、清洁剂或芳香剂等[2]。这类物质在人类日常生活中普遍使用，并具有较高的生物活性、难以降解。这类污染物主要通过污水处理厂的点源方式进入环境，同时污水处理厂也是去除这类污染物的重要途径。

理论上，消除所有能干扰人类健康或福祉的水污染风险和去除危害水体功能的污染物是水污染治理应该考虑的目标。但是，热力学第一、第二定律和物质守恒定律告诉我们，所有人类经济、社会活动都会产生污染物（也被称作残余物或废弃物），处理污染物的过程并不能消灭它们，只是从一种形式（态）转变成另一种形式（态），在减轻污染物对水环境负面影响的同时，可能对大气、土壤环境产生不利影响。重新认识和思考这一基础理论，对减少污染物的产生和控制污染效应非常重要。

三、水污染源

水污染源按污染成因或属性，分为自然污染源（天灾）和人为污染源（人祸）。

---

[1] 《中国环境状况公报》依据《地表水环境质量标准》（GB 3838—2002）表 1 中除水温、总氮、粪大肠菌群外的 21 项指标标准限值，分别评价各项指标水质类别，按照单因子方法取水质类别最高者作为断面水质类别。

[2] 曲久辉. 对未来中国饮用水水质主要问题的思考［J］. 给水排水，2011，37（4）：1-3.

（一）自然污染源

自然污染源主要是指因为环境背景值异常或地质灾害等因素，自发地向水环境排放有害物质，造成有害影响的污染源。其具有客观性，是不可抗力事项，是无法预见、无法避免、无法控制和无法克服的。自然污染源通常发生在局部地区，危害具有地区性，一般不能通过水处理方式改善水质。

如河北沧州市由于特殊的水文地质条件，浅层水苦咸，深层地下水高氟，长期饮用对骨骼、牙齿等产生损害，造成氟骨症、氟斑牙等健康问题，居民深受其害。直到2015年，南水北调中线干线工程及地方配套工程启用，河北沧州市400多万居民才彻底告别高氟水、苦咸水和其他有害物质地下水源，丹江水成主力水源。

另外，对河流使用功能造成破坏的火山爆发、泥石流或山体滑坡等自然地质灾害也属于自然污染源。

（二）人为污染源

人为污染源与人类生产、生活相伴相生，是水污染控制的主要对象。我国普查的人为污染源包括工业污染源、农业污染源、生活污染源、集中式污染治理设施和移动源，见图2-1。

工业污染源　　　　　　　　农业污染源　　　　　　　　生活污染源

集中式污染治理设施　　　　　　　移动源

图2-1　我国污染源普查中的人为污染源类型

按污染物进入水环境的空间分布方式和运移路径，人为污染源又可分为点污染源和面污染源，一般简称为点源和面源。

1. 点源

点源是指废污水有一个明显的入水路径和容易确定的进入水体的源头和地点，具有直接性。包括排放口直排污废水、城镇污水处理厂超标尾水、工业企业事故性废水排放、合流制管道雨季溢流、分流制雨水管道初期雨水或旱流水、非常规水源补水等。通过污水收集、排放管道进入水环境的途径是典型的点污染源。污水排放口提示和警告图形见图 2－2。现阶段较为常见的点源污染也包括向水体直接倾倒危险废物。

图 2－2　污水排放口提示图形符号(左)和警告图形符号(右)

随着城市化率和人民生活水平的提高，生活污水排放量不断增加，1999 年生活污水排放量首次超过工业废水排放量。生态环境部 2018 年度至 2019 年第二季度的 6 次通报中，污水处理厂有 5 次占比最多，运营管理不善的污水处理厂成严重超标大户，引起社会各界关注。2010 年《第一次全国污染源普查公报》和 2020 年《第二次全国污染源普查公报》中的工业污染源、农业污染源、生活污染源、集中式污染治理设施主要项目变化情况见表 2－1。

表 2－1　　　　　　　　两次全国污染源普查情况比较

污染源 项目	工业源		农业源		生活源		城镇污水处理厂	
	2007	2017	2007	2017	2007	2017	2007	2017
数量/万个	157.6	247.74	289.9	37.88*	144.6	63.95	0.2094	0.8969
COD 排放/削减量/万 t	564.36	90.96	1324.09	1067.13	1108.05	983.44	590.58**	1523.40**
氨氮排放/削减量/万 t	20.76	4.45	—	21.62	148.93	69.91	37.62**	144.43**
TN 排放/削减量/万 t	—	15.57	270.46	141.49	202.43	146.52	28.82**	153.40**
TP 排放/削减量/万 t		0.79	28.47	21.20	13.80	9.54	4.53**	21.75**

注　—表示没有数据。

　　* 表示畜禽规模养殖场个数；** 表示污染物削减量。

2007 年，各类源废水排放总量 2092.81 亿 t。工业废水全国产生量 738.33 亿 t/a，排放量 236.73 亿 t/a，废水处理量 458.52 亿 t/a；生活污水排放量 343.30 亿 t/a；污水处理厂❶污水实际处理量 210.31 亿 t/a，其中城镇污水处理厂处理 194.41 亿 t/a，占 92.5%。主要污染物排放总量分别为化学需氧量 3028.96 万 t/a，氨氮 172.91 万 t/a，总氮 472.89 万 t/a，总磷 42.32 万 t/a。

2017 年全国主要水污染物排放情况见图 2 - 3。七大流域❷中海河流域、辽河流域和淮河流域单位水资源的污染物排放强度较大。

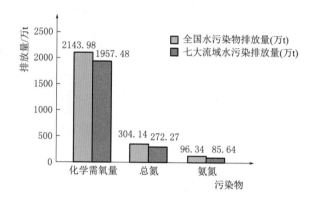

图 2 - 3 第二次全国污染源普查中主要水污染物排放情况

入江入河排污口是江河水体健康恢复的"牛鼻子"，是污染治理的重点。长江病了，而且病得还不轻，"共抓大保护"的长江治理、黄河生态保护和高质量发展如火如荼进行中。长江经济带沿线的云南、四川、贵州、重庆、湖南、湖北、江西、安徽、浙江、江苏、上海 11 个省（直辖市）的危险废物非法倾倒问题严峻；2017 年黄河流域青海、四川、甘肃、宁夏、内蒙古、陕西、山西、河南、山东 9 省（自治区）入河排污口复核工作全面启动。长江、黄河恢复健康可以借鉴诸如莱茵河、泰晤士河等治理经验。

莱茵河是欧洲最重要的国际河流，流经奥地利、瑞士、比利时、法国、德国、意大利、列支敦士登、卢森堡、荷兰 9 个国家，曾被称为"欧洲浪漫的下水道"，1815—2000 年间，莱茵河从一条自然的河流被人们改造成具有运河般外

---

❶ 污水处理厂包括城镇污水处理厂、工业废水集中处理厂（设施）、其他污水处理厂（设施），不包括工业企业内仅处理本企业工业废水的处理设施。

❷ 长江、黄河、珠江、松花江、淮河、海河、辽河七大流域。

形的碳化的河流、以环境为代价牺牲的河流、生物多样性丧失的河流，直到标志着河流恢复的大马哈鱼出现，莱茵河又成了一条"真正的河流"，莱茵河生态系统的成功恢复可以为我国流经多行政区域的大江大河治理提供可供参考的范式和经验。

因为点源容易确定，对水环境的影响显而易见，国外控制水污染最初的努力均集中在工业废水治理、生活污水处理等点源。我国也不例外，随着我国污水处理率的提高，点源污染逐步得到控制，然而，在"先污染后治理"的发展模式下，我国水处理工艺难以适应当前复杂而普遍存在的污染源实情，点源依然是我国水环境污染的关键污染源，有效治理点源依然任务艰巨。

2. 面源

面源也称非点源，通常表现为间接性、无组织性。常见的面源有：受水力冲刷、冻雪消融、风力、重力等自然动力驱使，以广域的、分散的、不确定路径的形式进入地表及地下水体的地表径流、土壤侵蚀、灌溉排水（尾水）、不合理处置的生产生活废弃物渗滤液、携带有毒有害物质的大气干湿沉降等。其中降雨径流过程是造成流域面源污染的最主要的自然原因，人类土地利用活动是面源污染的最根本原因❶。面源污染对水体危害比点源污染更大。按污染源产生的人为生态系统不同，面源又分为城市面源和农业面源。

在污水全收集、管网全覆盖的城镇，城市面源主要是指地表径流、雨洪水流。城市面源的极端表现是城市内涝灾害，根本在于城镇化建设过程中传统的、基于防灾目标的以排为主、单纯排放的雨洪管理理念——视洪水为猛兽。然而，当超标准的城市地表径流由雨污合流制的下水道直接或间接进入水体时，面源就变成点源，两者的共同作用是造成污水处理厂超标排放和城市内涝激化的原因之一。

城镇化的快速发展，增加了暴雨流量和汇流速度，大幅提前洪峰到达时间，加大了城市内涝灾害风险。据统计，中国有 62％的城市正遭受内涝问题的侵害，每年汛期就开启"城市看海"模式❷。2012 年"7·21"北京特大暴雨导致79 人遇难；2015 年"7·23"湖北省武汉市特大暴雨，中心城区 8.5h 最大降雨量达 197mm，造成城市多处被淹；2016 年 7 月 9 日，河南省新乡市出现了 3h

---

❶ 李怀恩，李家科，等. 流域非点源污染负荷定量化方法研究与应用［M］. 北京：科学出版社，2013：1-3.

❷ 钱颖佳，沈雨佳. 2018 中国海绵城市建设白皮书，海绵城市：打造绿色、宜居、资源化的前瞻水环境［R］. GWI（Global Water Intelligence）国际水务智库与格兰富联合出版，2018 年 5 月 9 日发布.

250mm 以上的超级大暴雨,城市一片汪洋;2020 年 7 月南方多地强降雨"车轮战"频频,多个水文站水位突破历史最高。

雨果说"下水道是城市的良心"。城市逢雨必淹的窘境不断拷问我国城市建设者的综合素质和道德良心。

专栏 2-1

暴雨的定义和等级划分

暴雨(英文名称 torrential rain；rainstorm；storm)是指短时间内产生较强降雨(24h 降雨量大于等于 50mm)的天气现象。

在气象上,对"暴雨"有着严格的量级规定。国家质量监督检验检疫总局、国家标准化管理委员会在 2012 年 6 月 29 日批准发布了《降水量等级》气象国家标准。标准根据暴雨的累积降雨时间有两种划分方式,同时在暴雨量级之上还有大暴雨和特大暴雨两个等级。从这个标准可以看到,暴雨并不完全表现为来得急和猛,绵绵细雨持续 24h 也可成暴雨。

暴雨等级划分

等　级	12h 降雨量/mm	24h 降雨量/mm
暴雨	30.0～69.9	50.0～99.9
大暴雨	70.0～139.9	100.0～249.9
特大暴雨	≥140.0	≥250.0

不过,在我国西北内陆地区的多数地方,年降雨量本身就很少,日降雨量达到 50mm 的机会更少。如果按常规的标准,西北地区很难达到暴雨量级。实际上,西北地区也会出现较强的短时降雨,导致灾害发生。因此,有的地方根据各自的实际情况重新划定标准,如以日雨量大于等于 25mm 或大于等于 30mm 等作为暴雨标准。

资源:中国气象局

土地的开发、利用、规划忽视了水文循环效应,粗暴干预水文循环各要素的自然形态和空间,大量疏松表土,原生植被、集水洼地、跌宕起伏的地形地势等被剥离弃掉、移除替换、围垦掩埋、裁弯取直和等高填平,导致城市大量不透水地面增加,"钢筋混凝土丛林"取代"自然绿色丛林",严重改变了天然水平衡,雨洪由"水利"变"水害"。图 2-4 是天然水循环和城市水循环的对比示意图。

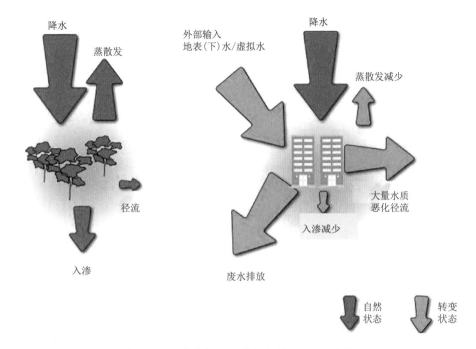

图 2 - 4　天然水循环和城市水循环对比示意图

　　降水是城市面源污染的动力，与灌溉水共同成为农业面源污染的引擎。 农业面源有富含农用化学品的农业用地、无废弃物处理设施的畜禽养殖场、不合理处置的农业生产生活废弃物堆砌场等。 污染物主要由土壤泥沙颗粒、氮磷等营养物质、农药、各种大气颗粒物等组成，通过地表径流、土壤侵蚀、农田排水等方式进入水、土壤或大气环境，具有随机性、广域性、滞后性、模糊性、潜伏性等特点❶。 我国化肥利用率一直以来不到 40%，日益积累田间的氮磷等营养物是农业面源污染物的主要 "源库"❷❸。 氮磷营养物的水体富营养化不仅导致欧洲和北美沿海岸线形成大片死海区域，也是我国湖泊、水库、沿海岸线水质恶化、地下水污染的主要原因。 中央电视台 CCTV - 2《经济半小时》（20150607）栏目报道安徽巢湖自 20 世纪 80 年代开始，水体富营养化日益严重，每年 6、7、8 月份

　　❶ 金书秦，韩冬梅. 机构改革后如何做好农业面源污染防治［N］. 中国城乡金融报，2018 - 08 - 15，第 B03 版。

　　❷ 李怀恩，等. 流域非点源污染负荷量化方法研究与应用［M］. 北京：科学出版社，2013：3，37。

　　❸ 杨育红. 我国应对农业面源污染的立法和政策研究［J］. 昆明理工大学学报（社会科学版），2018，18（6）：18 - 26。

尤其严重，湖面一片绿色。

化肥是重要的农业生产资料，是粮食的"粮食"。 全世界约有 25% 的农作物产量直接归功于化肥的使用，在过去的几十年里，化肥的使用急剧增加[1]。 中国大规模使用农业化学品仅四五十年，就将以往能够消纳城市生活污染、长期创造正外部效应的农业，肆无忌惮地改造成生态环境损失和食品安全失控的严重"双重负外部性"产业[2]。 农业面源污染物是因传统的农业生产模式、农民生活方式、农村弹性环境被改变而产生的，污染物在一定程度上就是放错了地方的资源，是囿于我们的认知无法充分利用的、剩余的、多余的物质。

"规模化＋集约化"的农业生产模式代替了中国传统的资源节约、循环利用、精耕细作模式。 机械化、一体化的单种栽培农业形式，用机器和化石燃料取代了人力和畜力，土壤中特定的营养物质和有机质会耗尽，诱发病虫害等。大量化肥、农药、植物生长激素、农膜等农业化学品施用，造成我国农田土壤污染状况严峻。

2014 年环境保护部和国土资源部[3]联合印发《全国土壤污染状况调查公报》，全国土壤环境状况总体上不容乐观，部分地区土壤污染较重，耕地土壤环境质量堪忧。 当水流经受污染的土壤时，会溶解土壤中的污染物（特别是含氮化合物），并将它们带入河流、湖泊、海洋，甚至渗入到地下水，植物和藻类疯狂增长，破坏水生生态系统平衡，导致水环境质量恶化。

农民生活方式城市化，原本可以作燃料、饲料、肥料、建筑材料、包装材料的农作物秸秆被电气、天然气、配方饲料、化肥、农药、石材、塑料取代，暂时没有出路的秸秆被随意堆置或焚烧，异化成了影响大气、水、土环境的污染源。曾经是庄家一枝花的粪肥，也随水冲走，成了名副其实的废物。 路遥 1982 年出版的小说《人生》刻画了主人公高加林赶着马车去县城掏挖粪污，给生产队做肥料。 富兰克林·金 20 世纪初出版的《四千年农夫》对一百多年前中国粪尿的农田处置赞誉有加。

农村随处可见的坑塘、沟渠、湿地、蓄水洼池等自然调蓄水体被填埋、废

---

❶ ［美］恩格，［美］史密斯，［美］博凯里 著. 环境科学：交叉关系学科［M］. 10 版. 王建龙，译. 北京：清华大学出版社，2009。

❷ ［美］富兰克林·金. 四千年农夫［M］. 程存旺，石嫣，译. 北京：东方出版社，2011：中文版序 1-5。

❸ 按国务院机构改革方案，环境保护部、国土资源部 2018 年分别组建为生态环境部、自然资源部。

弃、占用、破坏，整齐划一的村容取代了参差多样的村貌，硬化地面取代弹性地面，每逢降雨，得不到合适处置的地表径流量剧增，裹胁着地表积存的污染物进入受纳水体，形成污染。

专栏 2-2

我国农业面源污染防治攻坚战

农业发展不仅要杜绝生态环境欠新账，而且要逐步还旧账，要打好农业面源污染治理攻坚战。2015 年中央 1 号文件《关于加大改革创新力度加快农业现代化建设的若干意见》对"加强农业生态治理"作出专门部署，强调要加强农业面源污染治理。政府工作报告也提出了加强农业面源污染治理的重大任务。

农业部《重点流域农业面源污染综合治理示范工程建设规划（2016—2020)》显示，2015 年我国水稻、玉米、小麦三大粮食作物化肥利用率为35.2%，农药利用率为 36.6%，畜禽粪污综合利用率不到 60%，农作物秸秆综合利用率 80.2%，当季农膜回收率不到 2/3。

2015 年 2 月，农业部制定印发了《到 2020 年化肥使用量零增长行动方案》和《到 2020 年农药使用量零增长行动方案》。4 月 10 日，农业部的《关于打好农业面源污染防治攻坚战的实施意见》（农科教发〔2015〕1 号）打响了农业面源污染防治攻坚战。

《关于打好农业面源污染防治攻坚战的实施意见》明确打好农业面源污染防治攻坚战的工作目标。力争到 2020 年农业面源污染加剧的趋势得到有效遏制，实现"一控两减三基本"。"一控"，即严格控制农业用水总量，大力发展节水农业，确保农业灌溉用水量保持在 3720 亿 m³，农田灌溉水有效利用系数达到 0.55；"两减"，即减少化肥和农药使用量，实施化肥、农药零增长行动，确保测土配方施肥技术覆盖率达 90% 以上，农作物病虫害绿色防控覆盖率达30% 以上，肥料、农药利用率均达到 40% 以上，全国主要农作物化肥、农药使用量实现零增长；"三基本"，即畜禽粪便、农作物秸秆、农膜基本资源化利用，大力推进农业废弃物的回收利用，确保规模畜禽养殖场（小区）配套建设废弃物处理设施比例达 75% 以上，秸秆综合利用率达 85% 以上，农膜回收率达 80% 以上。

2015 年 7 月 28 日，农业部农业面源污染防治推进工作组成立，2015 年 7

月 29 日—2018 年 2 月 27 日共召开五次工作组会议。2017 年我国化肥使用量提前三年实现零增长，农药使用量连续三年负增长，主要农业废弃物资源化利用水平稳步提高。

2018 年国务院机构改革方案将原农业部的监督指导农业面源污染治理职责划归新组建的生态环境部，使农业面源污染由"农业干、农业管"到"农业干、环保管"。

《中国生态环境状况公报》（2018 年、2017 年）显示，2017 年农业用水量占全社会用水总量的 62.4%，农田灌溉水有效利用系数为 0.536。我国水稻、玉米、小麦三大粮食作物化肥利用率为 37.8%，农药利用率为 38.8%。畜禽粪污综合利用率为 64%。秸秆综合利用率为 82% 左右。

来源：中国农业农村部，中国生态环境部

目前，我国经济发展已由高速增长阶段转向高质量发展阶段，绿色是我国发展的底色。工业废水"零排放""零增长"、直接排污口"零容忍"等从严的点源污染防治行动，节水型社会的推进，蓝天碧水净土保卫战的打响，以及发达国家水污染治理的前车之鉴，都使我们达成共识：面污染源，特别是农业面源是污染防治的重点领域，如何有效治理农业面源污染，是当前和今后一段时间要考虑的污染治理攻坚战，需要不断更新污水观，重新审视污染源。

四、污水观

污水观，即人们在实践活动中形成的对污水价值和意义的根本态度。人们对污水的认识和看法是一个动态过程，是随着社会经济发展和生态环境保护对立统一关系不断演变的，决定着污水的最终归宿。目前，废水是一种待开发的资源，已成世界共识。

（一）污水是脏水（waste water）

污水是脏水、废水、无用的水，是人类病原体极好的传播媒介，遭人厌恶，被视为要尽快导排出城的大负担。

19 世纪，人们普遍认为天然水体是污水最适当的受体，稀释是对付污染问题的良方，上游城市的排水给下游城市、乡村的水体造成严重污染。未经处理就随意露天倾倒的人类、动物等排泄物和工业设施产生的废水排入河流，导致新兴工业城市多次出现伤寒、霍乱、天花、肺结核等流行病。英国女作家夏洛蒂·勃朗特 1847 年出版的《简·爱》、法国作家亚历山大·小仲马 1848 年出版的

《茶花女》，以及英国作家威廉·萨默赛特·毛姆 1919 年完成的《月亮和六便士》等作品里对流行疾病的描写略见一斑。

流行病学的发展，让人们意识到去除各种有害废物、净化污水、提供充足的洁净水是维持城市公共卫生、保护公众健康的最佳办法。英国伦敦、法国巴黎是较早开始系统设计建设下水道等公共设施、提出导排清除城市污水方案的城市。

（二）污水是用过的水（used water）

污水是用过的水，水是废水中的主要成分，占比 99％，其他 1％是悬浮质、胶质和溶解物质。污水的主要成分——水，可回用于农业、工业、环境，甚至饮用水。随着世界人口的增加，人类对水资源的需求不断上涨，世界上许多地方的用水量超过了降水径流的补给量，受变化多端的全球气候影响，可获得洁净淡水量日益减少，导致水资源短缺。人们将眼光聚焦于生活污水和工业废水，通过去除有害物质，遵循"适用法则"，用于农业灌溉、排放到地表水或回灌地下水，实现"分质用水"。

我国自 20 世纪 50 年代始，坚持"变有害为有利，充分利用""积极慎重"的方针，先后在北京、天津、辽宁、陕西、山西、湖南、湖北、上海、江苏、广东、广西等省（自治区、直辖市）开辟多个利用工业废水和生活污水的大型污水灌区，总面积达 5000 多万亩。21 世纪初，我国开始制定、修改了《城市污水再生利用》分类、城市杂用水水质、景观环境用水水质、补充水源水质、工业用水水质、农田灌溉用水水质系列 6 项标准。尽管将城市废水处理到饮用水标准的技术在一些地方已经付诸实践，但直接生产饮用水的"从马桶到水龙头"的废水资源再利用方式依然存在障碍。

非洲南部的纳米比亚共和国水资源极度缺乏，平均降雨量为每年250mm，高温导致 83％的雨水蒸发，只有 1％的雨水渗入地下。使用再生水是纳米比亚共和国的首都温得和克市应对因人口增长、用水需求增加造成的城市缺水问题的唯一可行的选择。1968 年，温得和克市 Goreangab 污水处理厂首创将生活污水处理后直接作为饮用水的供应系统[1]，是世界上最早的污水直接回用为饮用水的案例。Goreangab 污水处理厂采用生物过滤和活性炭颗粒过滤、"多重屏障"工艺生产的净化水符合世界卫生组织（WHO）的饮用水标

---

[1] ［德］保罗·佩汉，［荷兰］戈特 E. 弗里斯. 与水共生：动态世界中的水质目标［M］. 黄苗，译. 武汉：长江出版社，2017：92 - 93.

准。 供水量从原来的 $4300\mathrm{m}^3/\mathrm{d}$ 增加到 $20000\mathrm{m}^3/\mathrm{d}$，为 40 万居民提供了经济、稳定、安全的饮用水。 持续 50 年的零健康问题报告和流行病学研究证实了直接回用为饮用水的安全性❶。 温得和克市的操作和经验为世界上其他干旱和半干旱缺水地区做出了示范。

（三）污水是资源库（resources pool）

污水不是可以随意丢弃的废物。 不仅可再生直接饮用，还蕴含物质、能源等可持续潜在资源。 自然界没有垃圾、废物和无用的东西。 我们应该向自然学习"落红不是无情物，化作春泥更护花"的生态循环理念，并对各种物质拥有"天生我材必有用"的自信。 我们每次正常的汲水其实都是大自然的再生水。

欧美在从废水中回收水、营养盐、原材料、能量和生物塑料等方面做了大量的可行性研究。 氮磷是经人体消化吸收后的剩余物质或排泄物中的主要元素，而这些元素又是植物必需元素，他们组成了一个闭合的食物链和复杂的自洽生态系统。 全球的磷储量是有限的，以目前的磷矿开采使用率来看，当前高储量并适合商业开采的磷矿资源预计在未来 50～100 年内将变得稀缺甚至消耗殆尽，从人体尿液和粪便中回收磷是很有前景的"开源"，从废水中回收磷元素可满足全球需磷量的 22%，并满足水体限制营养盐的排放要求❷。 人们尝试研发了 Crystalactor（磷酸钙沉淀法）、Phosnix（利用氧化镁从污泥中直接沉淀法）、RIM-NUT（鸟粪石沉淀法）等的从废水中去除和回收磷资源方法，目前因成本昂贵，市场竞争力不强，未能规模化推广应用。

绿色植物（包括藻类）通过光合作用捕获太阳能，使二氧化碳和水合成富能有机物，并释放氧气。 这个过程是可逆的，存储在生物分子中的太阳能，在厌氧消化的情况下也可以被释放出来。 在无氧、厌氧环境中，细菌通过水解、发酵、乙酸化、甲烷化等过程将复杂有机物转化成由二氧化碳和甲烷组成的沼气。沼气可以用于烹饪、加热或作为发动机的燃料和能源，更大优势是可以减少污水处理厂的温室气体排放量、污泥丢弃量或焚烧量。

英国威赛克斯能源公司 GENeco 与生态公交车研发公司合作，通过直接收集人类粪便，经自营污水处理厂产生甲烷气体，可驱动生态环保公交车 Bio-Bus 行驶 305km，见图 2-5。 Bio-Bus 充分证明了人类粪便以及被丢弃的食物

---

❶ 联合国教科文组织.联合国世界水发展报告 2017 ［M］.中国水资源战略研究会（全球水伙伴中国委员会）编译.北京：中国水利水电出版社，2018：138。

❷ ［德］保罗·佩汉，［荷兰］戈特 E.弗里斯.与水共生：动态世界中的水质目标 ［M］.黄苗，译.武汉：长江出版社，2017：98-106。

都是宝贵资源，不应该被扔进垃圾填埋场或焚烧，更不应该"一冲了之"，成为城市污水处理的顽瘴痼疾。

图 2-5　英国首辆以人类粪便为燃料来源的生态公交车 Bio-Bus

　　废水是水循环的关键组成部分，从淡水抽取、处理、分配、使用、收集、处理后再利用到最终返回环境补充后续取水，整个水管理周期中废水都需要进行妥善处理（图 2-6）❶。

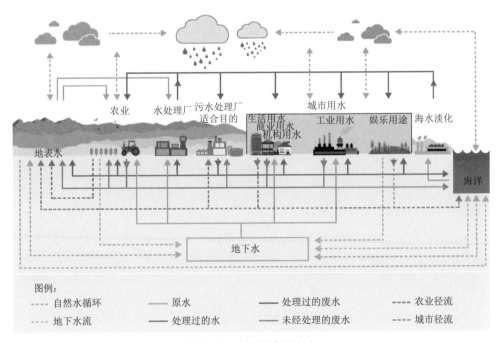

图 2-6　水循环中的废水

---

❶　联合国教科文组织编著，中国水资源战略研究会（全球水伙伴中国委员会）编译. 联合国世界水发展报告 2017 [M]. 北京：中国水利水电出版社，2018：17。

人们对污水的认识逐渐跨越偏见、短视和狭隘，在反思人类自身行为的过程中，开始正视污水，为污水正名，但废水的潜力远未得到充分开发。尽管废水利用的经济收益可能不够支付额外的投资成本，但水资源再利用的社会效益、环境效益要比通过修建大坝、海水淡化、跨流域调水和通过其他方式增加水资源可利用量的效益高。

城市污水处理厂也正在从具有实现污染物削减的基本功能的设施转变为城市的水源工厂、能源工厂、肥料工厂、原料工厂等，进而再发展成为与社区全方位融合、互利共生的城市基础设施。这个过程注定将激发污水处理行业内智慧资源的跃升和释放，不断明晰、坚定未来污水处理发展方向。

污水处理厂主要通过建设合流制和分流制管网收集导引生活污水、工业废水和暴雨径流，按处理程度分为一级处理、二级处理、深度处理，或者预处理、一级处理、二级处理、三级处理和深度处理（四级处理）。

专栏　2-3

废水处理分级定义1

废水处理：是指去除废水中所含的污染物，使其能够再次被安全使用或返回到水循环中，把对环境的影响降到最低。废水处理的程度取决于污染物类型、污染负荷和废水的预期最终用途。

一级处理（包括强化一级处理）：以沉淀为主体的处理工艺；一般包括除渣、污水提升、沉砂、沉淀、消毒及出水排放设施。强化一级处理时可增加投药等设施。污泥处理一般可包括污泥储存和提升、污泥浓缩、污泥厌氧消化系统、污泥脱水和污泥处置等设施。

二级处理：以生物处理为主体的处理工艺；根据工艺的特点，可全部或部分包括污水一级处理所列项目及生物处理系统设施。污泥处理可与一级污水厂的内容相同，污泥的稳定可采用厌氧消化、好氧消化和堆肥等方法进行处理。

深度处理：进一步去除二级处理不能完全去除的污染物的处理工艺；宜由絮凝、沉淀（澄清）、过滤、活性炭吸附、离子交换、反渗透、电渗析、氨吹脱、臭氧氧化、消毒等单元技术优化组合而成。

来源：中华人民共和国建设部，《城市污水处理工程项目建设标准》（建标〔2001〕77号）

废水处理分级定义 2

预处理：是指去除废水中含有的可能处理系统维护或运行的成分，如破布、树枝、漂浮物和油脂等。

一级处理：是指去除废水中含有的部分悬浮物和有机物，可以包括也可以不包括化学过程或过滤。

二级处理：是指去除可生物降解的有机物（如溶液或悬浮液中的有机物）、悬浮物和营养物（氮、磷，或两者皆有）。

三级处理：是指去除二级处理后残留的悬浮物、营养物，并消毒。

深度处理（四级处理）：是指用高级技术去除常规处理过程（一级、二级、三级处理）可能无法去除的微污染物。

来源：联合国教科文组织，中国水资源战略研究会（全球水伙伴中国委员会）. 联合国世界水发展报告 2017《废水：待开发的资源》：术语，183

五、城市排水系统的演变

城市排水系统包括污水排放系统和暴雨径流排放系统。根据建设形式，城市排水系统又分为雨污合流制和分流制两种。

城市发展初期，自然环境容量大，水体自净能力足以满足人们对水质的需求，仅考虑将用过的水排出即可。随着工业革命的迅猛发展，人们对水循环的过度干预导致水生态破坏、水环境污染。经水源传染的流行病危及城市人群健康，通过设计修建城市下水道，将全部污水、脏水都排出城市是当时发达城市的最佳选择。污水在排放前是否应当进行处理曾是早期公共卫生历史上争论的焦点，污水处理被看作是不必要的花费，"稀释是对付污染问题的良方"。尽管 19 世纪 70 年代末期就出现了一些有效的污水处理工艺，然而直到 1910 年，美国也只有 4% 的污水被处理，1939 年美国仍有一半的城市污水未经处理就直接排放❶。

19 世纪，流经英国伦敦的泰晤士河和欧洲的莱茵河由于工业废水和生活污水排放，都曾被称作"城市的下水道"。莱茵河是德国 19 世纪和 20 世纪崛起成为工业大国的推动力。莱茵河为德国工业发展提供了丰富的水资源，离开了

---

❶　[美]伦纳德·奥拓兰诺. 环境管理与影响评价 [M]. 郭怀成，梅凤乔，译. 北京：化学工业出版社，2003：226。

水，位于两岸的大型化工厂将不可能存在；莱茵河承载起航运的重任，工厂因而获得了原材料，将生产出的产品运到市场，同时带走工厂的废弃物❶。

早期人们普遍认为天然水体是污水最适当的受体，这种思想促使英国建设大规模的污水收集管网，排入城市河流下游，纵横交错的伦敦下水道被列入"世界七大工业奇迹"。国外发达国家普遍经历了无序排放、管网收集排放、简单处理排放、二级处理排放、深度处理排放等"先污染后治理"阶段，目前基本实现了污水全收集、管网全覆盖、水体生态系统不受影响等污水处理较高目标。

我国《城镇污水处理提质增效三年行动方案（2019—2021年）》为尽快实现污水管网全覆盖、全收集、全处理的目标，要求加快补齐污水管网等设施短板，健全管网建设质量管控机制，生活污水应收尽收，积极推行污水处理厂、管网与河湖水体联动"厂-网-河（湖）"一体化、专业化运行维护，保障污水收集处理设施的系统性和完整性。

随着城市土地利用大幅度硬化，城市暴雨径流形成的洪涝问题日益得到关注。城市雨洪管理通常采用类似韧性城市的建设理念进行防涝和雨水利用。例如，中国的海绵城市建设、美国的最佳管理措施（Best Management Practices，BMPs）和低影响开发（Low Impact Development，LID）、英国的可持续性排水系统（Sustainable Urban Drainage System，SUDS）、澳大利亚的水敏感性城市设计（Water Sensitive Urban Design，WSUD）、新西兰的低影响城市设计与开发（Low Impact Urban Design and Development，LIUDD）、新加坡ABC计划（Active，Beautiful，Clean Water）等理念。修建地下隧洞蓄水池（库），甚至借道交通隧洞、下沉广场排水蓄水，本质上都是强调雨水资源的多角度调控与多重利用，以减少进入城市排水系统的雨水径流量，减轻城市排水负担，来达到保持城市水文生态良性循环的目的。

马来西亚吉隆坡建造了一个"智慧隧道"的暴雨管理和道路隧道系统，该系统呈现三层结构：底下一层是永久性排水；第二层平常用于通车，遇到5年一遇洪水时，第二层通道秒变排水通道，遇到特大的极端性暴雨时，车道全部封闭，直径12m的隧道整个变成排洪道，基本上解决了城市中心区的排涝问题。

荷兰鹿特丹开创了其独有的"水广场"防涝及雨水利用系统。"水广场"顺地势而建，由形状、大小和高度各不相同的水池组成，水池间有渠相连。平时是市民娱乐休闲的广场。暴雨来临，就变成一个防涝系统。由于雨水流向地势

---

❶ ［美］马克·乔克. 莱茵河：一部生态传记（1815—2000）［M］. 于君，译. 北京：中国环境科学出版社，2011。

更低洼的水广场，街道上就不会有积水。 雨水不仅可在水池间循环流动，还能被抽取储存为淡水资源。

德国慕尼黑2434km长的排水管网中布置着13个地下储存水库。 这些水库就好像是13个缓冲用的阀门，充当暴雨进入地下管网的中转站。 当暴雨不期而至，地下容量706000m³的储水库可暂时存储暴雨的雨水，然后将雨水慢慢地释放至地下排水管道。 在地上，慕尼黑不断扩大滩涂、河两岸的湿地和绿地，以减少河水对两岸的压力。 德国城市里，受压不大的道路，普遍采用透水性地砖，不仅解决了积水问题，还可补充地下水，减少扬尘。 新建建筑均要求设计雨水利用装置，否则政府将征收占建筑物造价2％的雨水排放费。

合流制的溢流污水和分流制中初期雨水的处理方式不宜采用全部送往污水处理厂进行全流程处理的方法，可以阶段性处理排放。 污水处理厂的高效运用离不开污水排水系统的科学设计、规划、管理和实践，更离不开雨洪资源的合理蓄留和利用。 河流湖泊要健康持续，少不了对由于暴雨径流产生的面源污染的治理和防控。

污水处理的根本目的是保证水资源持续利用、水环境良性循环、水生态均衡发展。 人们对污水的根本认识和看法决定了污水处理行业的动态、走向和思维模式。 随着人们对污水认识的不断发展，城市污水排放经历着不处理直接排放（可称之为零处理）到预处理、一级处理、二级处理和深度处理，以及零排放探索实践等多个阶段，市政污水处理厂排水组分的去除呈现从单维度逐渐向多维度、多层次转变的趋势，污水处理工艺演绎出百花齐放、升级换代的态势。

六、污水处理技术的变化

污水处理技术的不断创新与人们日益增长的美好生活追求密切相关，从人类公共健康、居住环境卫生到水的可持续发展，污水处理扮演了重要角色。

（一）传统粪污处理

污水处理厂是指采用物理、化学、生物等方法对污水、污泥进行净化、处理的场所，又称水质净化厂、再生水厂❶。 城镇污水处理厂是指处理市政排水管网收集的生活污水及符合排入城镇下水道相关要求的工业废水的污水处理厂❷。

---

❶ 国家标准《城镇污水处理厂工程质量验收规范》（GB 50334—2017）。
❷ 行业标准《城镇污水处理厂运营质量评价标准》（CJJ/T 228—2014）。

在污水处理厂建设之前，化粪池（septic tank）是人类发明的第一种污水处理设施，在现代排水与污水处理发展史上具有里程碑的意义，为改善人类的生活卫生与居住环境发挥了重要作用❶。利用厌氧发酵和静置分离的原理，化粪池具有结构简单、管理方便和成本低廉等优点，成为世界上应用最普遍的一种分散污水处理技术（初级处理），既可以作为临时性的或简易的排水设施，也可以在现代污水处理系统中用作预处理设施，对卫生防疫、降解污染物、截留污水中的大颗粒物质、防止管道堵塞起着积极的作用。

由于欧美等国的乡村分散，地广人稀，25%以上的"离网"家庭应用化粪池。美国传统化粪池的整体设计和主要设备见图2-7。

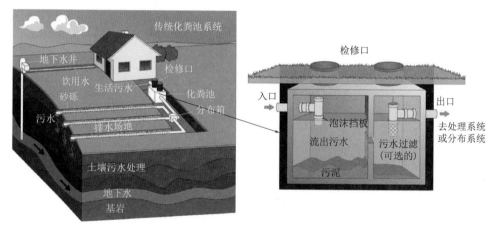

图2-7　美国"离网"家庭常用的传统型化粪池
（来源：美国环境保护署）

"庄稼一枝花，全靠粪当家。"中国的堆肥历史悠久。据说早在公元前1500年的商朝已经开始使用堆肥的有机肥料。确切文献记载，春秋战国、秦朝、汉朝时期已经使用畜粪和农业废弃物作肥料。公元前50年，西汉农学家氾胜之所著《氾胜之书》："区田以粪气为美，非必须良田也。"公元533—544年，北魏贾思勰的《齐民要术》："凡人家秋收后，场上所有穰、谷稭等，并须收贮一处。每日布牛脚下，三寸厚；经宿，牛以蹂践便溺成粪，平旦收聚，除置院内堆积之。每日俱如前法，至春可得粪三十余车。至十二月、正月之间，即载粪粪地。"我国传统的大范围有机堆肥生产模式盛行到20世纪80年代初化

---

❶　范彬，王洪良，张玉等．化粪池技术在分散污水治理中的应用与发展［J］．环境工程学报，2017，11（3）：1314-1321。

肥规模化生产之时，目前依然有大量科研农技人员致力于畜禽粪污快速堆肥技术的研发、推广和应用。

在我国，农业面源污染造成的水体质量恶化或水质改善乏力等显性、隐性问题，成为水体水环境健康发展的最大任务，考虑使畜禽粪污与城镇污水处理厂污泥处置相协调，创新工艺技术和装备，实现粪便与污泥相互搭车，规模化生产，化废为宝，治理双赢，是未来发展的方向。

（二）现代污水处理

随着工业发展、城市扩张、人口增加，特别是抽水马桶的发明应用和下水道管网的配套建设，现代污水处理系统逐渐形成。在管网普及和铺设率较高的地区，建设集中式污水处理厂是解决城市污水污染的根本措施。英国、德国、芬兰、荷兰、美国、日本、比利时、澳大利亚等发达国家均经历了水环境"先污染后治理"的过程和以牺牲环境为代价的经济发展模式，对因工业革命和经济发展带来的城市水污染投入了巨大资金，进行了艰苦卓绝的治理。即使现在，仍然有城市废污水，甚至连毒性最强的工业废水都未经处理就直接排入就近水域的情况，发达国家也不例外，扩大污水处理范围、提高污水处理率的挑战更加严峻。

生活污水处理于 20 世纪 70 年代后迅速发展，到 20 世纪 90 年代末，发达国家平均生活污水处理率已达到 80％ 以上的较高水平。其中新西兰、新加坡、北欧等国家，基本实现了 100％ 的收集率和处理率。德国 1912 年建成的埃森-雷克林豪森污水处理厂是欧洲大陆（不包括英国）首座采用活性污泥法的污水处理厂，最初采用双层沉淀池，设计人口当量为 22000 人，考虑到处理能力不足致使污水排放至靠近城市水源地的鲁尔河，1925 年增加了欧洲大陆的第一个曝气池，设计人口当量是 45000 人，2005 年完成使命关闭，被新的南埃森污水处理厂取代。

一般污水处理厂都先采用一级处理、再逐步完善二级处理的策略配套建设。早期的处理方式还包括采用石灰、明矾等进行沉淀或用漂白粉进行消毒。

现代污水处理经过百年发展，生物处理工艺当之无愧是污水处理界的"明星"，脱氮除磷、无机物去除工艺成熟，好氧、缺氧、限氧、厌氧等同步脱氮除磷工艺不断创新，开拓了微生物菌群在污水处理系统中的应用前景。无论是用过的水，还是受污染的水，最终都是水循环的一环。

自然永远是人类学习的不竭源泉。科学研究也无止境，未来关注更多的无疑是环境友好型、能量自给型的生物工艺的开发，针对微量污染物、痕量污染物以及药品和个人护理品（PPCPs）等新兴水环境污染物的去除研究，让水"质本洁来还洁去，强于污淖陷渠沟"必将成为污水处理厂的终极任务。

/第二节　污水处理的机理/

人们对自己"用过的水"的最初处理是"从哪里来到哪里去"。从河道的上游取水，排放到河流下游，利用水体流动产生的稀释净化作用实现再次取水、用水。稀释方法曾经被认为是处理污水问题的良方，然后才出现沉淀、过滤等处理方法，现在广泛使用的生物处理方法无不是来源于自然的灵感。随着对水体自净能力、水环境容量、山水林田湖草生命共同体、水-土系统平衡等认识的不断加深，人们对污水处理的探索将更具有创新意识。

一、水体自净

水体自净，是指污水进入受纳水体以后，经过足够的时间和空间迁移，水中污染物的浓度和毒性逐渐降低或总量减少，水体会部分地或完全地恢复到污水进入以前的状态的自然过程。《吕氏春秋》曰"流水不腐，户枢不蠹"；俗语"水流百步清"，说的是流动的水体具有自净作用。

水体自净按其净化机理，分为物理自净、化学自净、生物自净三种，相互交织、相互影响、同时进行。自然状态下的水体自净以物理自净和生物自净为主。

（一）物理自净

物理自净，是指基于水体的温度、流速、流量、水位、水质等水文条件，以及水环境容量和污染物的密度、浓度、溶解度、形态、粒度等性质，污染物在水体中经混合、稀释、扩散、挥发、沉淀等作用，使水体得到一定程度净化的过程。对于大面积、大库容、大体量的水体而言，物理自净能力较强，稀释手段在污染物浓度控制阶段曾经作为污水处理的首要选择。

污水处理的预处理、一级处理中的除渣是利用固液分离去除污染物；沉淀是利用污染物密度较水的密度大，借助重力作用，使其沉积到底层；污染晕则是利用污染物的混合、扩散，降低浓度、毒性等，以上处理方式均采用物理机理，起到水体自我净化作用。

（二）化学自净

化学自净，是指水体中的污染物通过氧化、还原、中和、吸附、凝聚、耦合等化学反应，浓度和毒性降低的过程。影响因素包括污染物质的化学性质、水体的温度、酸碱度、氧化还原电位等。例如，我国发布的城市黑臭水体分级标准❶，见图 2-8，氧化还原电位（Oxidation-Reduction Potential，ORP）是反映水体氧化还原水平的综合指标，由溶解氧（Disoved Oxygen，DO）、氧化性物质（硝酸根等）、还原物质等决定，作为城市黑臭水体的一项识别指标，比 DO 更能反映水体的"缺氧程度"。

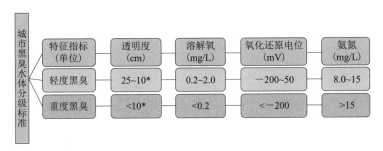

城市黑臭水体分级标准	特征指标（单位）	透明度（cm）	溶解氧（mg/L）	氧化还原电位（mV）	氨氮（mg/L）
	轻度黑臭	25~10*	0.2~2.0	-200~50	8.0~15
	重度黑臭	<10*	<0.2	<-200	>15

图 2-8 城市黑臭水体分级标准

注：* 水深不足 25cm 时，该指标按水深的 40% 取值。

（三）生物净化

生物净化是指进入水体的污染物，经过水生生物的吸收、降解作用，浓度降低或转变为无害物质的过程。"大鱼吃小鱼，小鱼吃虾米，虾米吃淤泥"形象地体现了水生生态系统中的食物链（网）概念。而"水至清则无鱼"则表示没有微生物的存在，就不可能有完整、健康的食物链（网），其生物自净能力就会很弱。

生物技术是未来的主宰。目前很多水治理科技公司都是打"生物牌"，例如，ETS（Earth Total Support）生态原位修复技术的核心是 ETS 复合微生物菌群（图 2-9）。

利用生存在植物根圈范围中、对

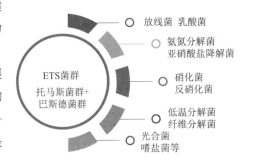

图 2-9 ETS 生态原位修复菌群

---

❶ 住房和城乡建设部、环境保护部，经商水利部、农业部，印发《城市黑臭水体整治工作指南》（建城〔2015〕130 号）。2019 年生态环境保印发的《农村黑臭水体治理工作指南（试行）》（环办土壤函〔2019〕826 号）中没有 ORP 指标，也未分轻度、重度。

植物生长有促进作用、对病原菌有拮抗作用的有益细菌的原位选择性激活 PGPR 微生物技术（In Situ Selective Activation of Plant Growth – Promoting Rihzobacteria，ISSA PGPR），以及食藻虫、矮枯草、重塑水下森林等技术均彰显了食物链（网）的生物净化理念。

　　水圈环境中生活着数量巨大、遗传与代谢方式多样的微生物，它们在地球元素循环中发挥着关键的驱动作用。但是，人们对不同水圈生态环境中这些微生物的物种类群与群落结构、代谢方式，及其与生态环境相关的调控规律、与环境互作和演化的机制，以及在不同生物与生态环境水平上对碳氮硫等重要元素循环的驱动功能与贡献等所知依然十分有限。

二、水环境容量

　　既然水体具有自我净化和自我修复的能力，为什么还会因污染物的侵袭，出现水体黑臭、水华频发等水环境功能受损、水质恶化现象呢？因为水体的自净能力是有限的。当污染物的负荷超过水体自净能力时，就会造成或加剧水体污染，影响其使用功能。在水体自净和污染发生之间存在着一个污染物削减的范围或尺度，即水环境容量（Water Environment Capacity）。

　　水环境容量是基于对流域水文特征、排污方式、污染物迁移转化规律进行了充分科学研究的基础上，结合环境管理需求确定的管理控制目标❶。在给定水域范围和水文条件，规定排污方式和水质目标的前提下，单位时间内该水域所能接纳的最大允许污染物负荷量，称作水环境容量，也可称为水体纳污能力。它是基于人为制定的功能、标准、水质等前提下，要实现对水体的开发、利用、保护等不同需求目标，而允许排放的污染负荷。水环境容量的确定是水污染物实施总量控制的依据，是水环境管理的基础。

　　按照污染物降解机理，水环境容量可划分为稀释容量和自净容量两部分。稀释容量是指在给定水域的本底污染物浓度低于水质目标时，依靠稀释作用达到水质目标所能接纳的污染物量。自净容量是指由于物理、化学和生物作用，给定水域达到水质目标所能自净的污染物量。

　　水环境容量既反映流域的自然属性（水文特性），也反映人类对环境的需求（水质目标），是随着水资源情况的变化和人们环境需求的提高而不断发生变化的。

---

❶　中国环境规划院. 全国水环境容量核定技术指南 [M]. 2003。

实施以环境容量为基础的污染物浓度控制和排污总量控制的"双重控制"是改善环境质量的根本手段。

三、生命共同体

坚持山水林田湖草是一个生命共同体，要把治水与治山治林治田治草结合起来。人类活动对地球上最活跃、最灵动的水因子的干扰形成的"蝴蝶效应"影响了整个地球水圈水循环和人类社会的变化，改造着人的物质生活和精神世界。不尊重自然、不顺应自然、不保护自然，必然要在开发利用水资源、水环境、水生态上走弯路。人类对水圈、水循环的伤害最终会伤及人类自身，这是无法抗拒的规律。

山水林田湖草的核心在于农业农村农民（简称"三农"）。乡村振兴是生态文明的载体，生态文明是中华民族文明复兴的转型关键❶。2017年，党的十九大报告提出，实施乡村振兴战略，农业农村农民问题是关系国计民生的根本性问题，必须始终把解决好"三农"问题作为全党工作的重中之重。乡村环境和资源具有生产、生活、生态（以下简称"三生"）功能和属性，其开发和利用需要"三生"统筹，而作为生态资源和空间资源载体的"山水林田湖草"是一个生命共同体，需要综合系统开发，才能实现生态文明建设，解决"三农"问题的有机统一。

作为水环境的重要污染源，农业面源污染和城镇点源污染的防治，可以通过使用生物肥料、改造传统农业等措施，控制和减少农用化学品对水体的以面源为主的复合污染；实施清洁生产与末端治理相结合的治污技术和方法是城镇点源污染治理的必由之路❷。农村水环境仅仅考虑水是不行的，就水谈水，犹如"头痛医头、脚痛医脚"，没有解决的出路，应该是污染控制和资源化并举，要从系统性、综合性和实用性考虑农村水环境，包括所涉及的垃圾、卫生、畜禽养殖、农业、面源等等，水、土、气、固体废弃物协同治理，其涉及的排放、中间处置、转化、各种来源问题也应该通过多过程和多来源循环调控❸。

乡村是具有自然、社会、经济特征的地域综合体，兼具生产、生活、生

---

❶ 温铁军. 中国生态文明转型与社会企业传承 [J]. 中国农业大学学报（社会科学版），2019，36（3）：111-117。

❷ 曲久辉. 我国水体复合污染与控制 [J]. 科学对社会的影响，2000（1）：35-39。

❸ 曲久辉. "第八届中国农村和小城镇水环境治理论坛暨第二届村镇环境科技产业联盟论坛"报告，农村水环境治理的模式选择 [R]. 2018。

态、文化等多重功能，与城镇互促互进、共生共存，共同构成人类活动的主要空间❶。 农业是生态产品的重要供给者，乡村是生态涵养的主体区，生态是乡村最大的发展优势。 坚持城乡融合发展，在水环境治理领域，形成工农互促、城乡互补、全面融合、共同繁荣的新型工农城乡关系。

水是生命之源，与生产、生活、生态的良性发展不可分割。 受生态文明建设、"自然-社会二元水循环""大水利"等启示，借助"创新、协调、绿色、开放、共享"发展理念、中医整体观"治未病"的理念，以及"三农"发展问题的解决和乡村振兴战略的实施，面对农业面源污染治理的瓶颈、城镇污水处理厂碳源不足、污泥成害等难题，将城镇污水处理放到城乡一体化、流域系统治理的大时空中，可能会激发协同创新思路，完美解决城乡水环境两难问题。

第三节　城镇污水非生物处理工艺

城镇污水处理厂作为水污染防治的重要阵地，排水中污染物的削减程度关系到受纳水体的整体环境质量。 污水处理厂的处理工艺理念来源于自然水体中的物理自净、化学自净和生物自净机理，但通过人工强化，缩短了处理时间、提高了污染物去除效率。 污水二级处理的核心技术通常采用生物处理，而一级处理、强化一级处理以及二级处理的预处理均采用物理处理、化学处理方法。

一、物理方法

物理方法是最简单、经济，也是最早使用的污水处理工艺。 物理方法是按照物理或机械分离的原理和过程，通过格栅、筛网、调节池、沉砂池、沉淀池、隔油池等构筑物以及气浮装置、离心机、旋流分离器等设备，去除污水中不溶性的呈悬浮态的污染物，从而实现污染物分离、降解、转移、转化和资源化的污水处理方法。

格栅安装在构筑物或泵站之前，拦截来水中粗大的漂浮物和悬浮物，避免水泵及污水处理构筑物管道堵塞。 筛网孔径小于 10mm，可分离回收污水中细小纤维状的悬浮物质，例如棉布毛、化学纤维、纸浆纤维、禽羽兽毛、藻类等。

调节池是为了满足工艺设计要求，保证后续处理构筑物或设备的正常运行，对污水的水量和水质进行调节的设施。 酸性污水和碱性污水进行混合、中和，

---

❶ 中共中央国务院. 乡村振兴战略规划（2018—2022 年），2018。

调整 pH 值;对于短期排出的高温污水,也可用调节的方法平衡水温;临时储存事故排水等。

沉砂池是污水处理厂的一种常见单元,作为污水厂生化构筑物之前的泥水分离设施,分离去除污水中粒径大于 0.2mm、相对密度约 2.65、含水量低的粗大砂粒、泥沙等,以保护管道、阀门等设施,使其免受磨损和阻塞,避免污水中的砂子混入水流,堵塞管网、损坏泵机、影响生化处理工艺。沉砂池分为平流沉砂池、曝气沉砂池、旋流沉砂池(钟氏沉砂池)和多尔沉砂池。

沉淀池是利用重力作用去除污水中悬浮物质的污水处理构筑物。按照池内水流方向不同,分为平流式、竖流式、辐流式和斜板(管)沉淀池。前三种常见的沉淀池流态示意见图 2-10。根据工艺布置不同,分为初次沉淀池(初沉池)和二次沉淀池(二沉池)。初沉池是一级污水处理厂的主体处理构筑物,也可作为二级污水处理厂的预处理构筑物,设在生物处理构筑物前面。可去除 40%~50% 的悬浮物质和 20%~30% 悬浮性 BOD_5[1]。二沉池设在生物处理构筑物的后面,用于沉淀去除活性污泥或腐殖污泥,是生物处理系统的重要组成部分。

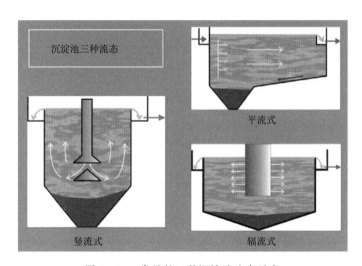

图 2-10 常见的三种沉淀池流态示意

物理方法因为不需要额外投加化学药剂,不存在生物污染等问题,被认为是清洁的水处理技术[2]。新兴的膜分离技术、磁分离技术、电转移和转化技术、光降解技术、声和波处理技术等是现阶段已被大量研究或应用的主流物理技术。

❶ 张自杰,等.排水工程(下)[M].4 版.北京:中国建筑工业出版社,1999:92-93.
❷ 曲久辉.物理技术——值得关注的清洁水处理方法[J].给水排水,2014,40(4):1.

曲久辉院士将物理水处理划分为水处理的物理分离过程、物理直接转化过程、物理间接降解过程、分离和转化的协同过程 4 类过程机理，认为如果采用物理的优化组合方法，实现污染物分离和降解的非化学及非生物处理过程协同，将是一个更安全、更有魅力的技术方向。

借助自然界重力作用和不同物质的形态、物理、化学性质，运用先进的现代化膜、磁、电、光、声、波等技术，污水处理的物理技术前景辉煌。

二、化学方法

化学处理方法是利用向污水中投加化学药剂，与污水中溶解性的污染物质发生化学反应，使污染物质发生沉淀或转变为无害物质的处理技术。常用的化学方法有酸碱中和法、化学沉淀法、氧化还原法、混凝、电解、汽提、萃取、吸附、离子交换和电渗析等。

化学药剂根据用途不同，可以分为絮凝剂、助凝剂、污泥调理剂、消泡剂、pH 调节剂、氧化还原剂、消毒剂等。同一种药剂在不同的场合使用，所起作用不同，称呼也不同。比如说氯气，用于加强污水的混凝处理效果时被称为助凝剂，用于氧化废水中的氰化物或有机物时被称为氧化剂，用于消毒处理时被称为消毒剂。

常见的化学药剂中，中和剂通常有石灰、石灰石、白云石、苏打、氢氧化钠、盐酸、硫酸等。氧化剂有空气中的氧、纯氧、臭氧、氯气、漂白粉、次氯酸钠、三氯化铁等。还原剂有硫酸亚铁、亚硫酸盐、氯化亚铜、铁屑、锌粉、二氧化硫、硼氢化钠等。

化学处理方法多用于处理生产污水和工业废水。

第四节　污水生物处理常规工艺

污水中的好氧微生物利用新陈代谢，在分解有机物生成二氧化碳和水的过程中，会消耗水中大量的氧气，如果污水中的有机污染物含量过高，消耗氧气过多，将使水体转化为缺氧或厌氧状态，从而使有机物腐败，产生氨、硫化氢、硫醇、硫醚、有机胺和有机酸等恶臭物质，导致水体发臭。

生物处理是污水二级处理的核心技术。目前国内外污水处理厂多采用二级处理。根据《城市污水处理工程项目建设标准》（建标〔2001〕77 号），我国城市污水处理工程中采用二级处理的生物处理常规工艺见图 2-11。

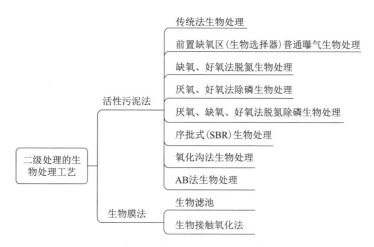

图 2-11　污水二级处理的生物处理常规工艺

活性污泥法、生物膜法各有千秋、各具利弊，很难判断孰优孰劣、先进与否，没有哪种工艺是一劳永逸、"放之四海而皆准"的。应选用适用的、适合的，能解决问题、目标达成度高的工艺与方法。

一、活性污泥法

活性污泥法，是污水处理行业的"百年老字号"，因其简单可靠、功能强大、源于自然的生物技术而具有强大生命力[1]。活性污泥法二级生物处理技术自 1914 年在英国曼彻斯特正式诞生以来，一直被世界各国广泛采用，始终占据着污水处理行业支配地位，目前发达国家已经普及了二级生物处理技术。

"活性污泥"是一种絮凝体结构的生物污泥，栖息着具有强大生命力的微生物群体。向生活污水注入空气进行曝气，每天保留沉淀物，更换新鲜污水。持续一段时间后，在污水中形成一种由大量繁殖的微生物群体构成、呈黄褐色、易于沉淀的絮凝体，即活性污泥。在微生物菌体新陈代谢功能的作用下，活性污泥具有将污水中的机污染物转换为稳定的无机物质的活力。这种活性污泥与水分离，使污水中的有机污染物得到降解、去除，污水得以净化、澄清[2]。由于微生物的繁衍增殖，活性污泥本身也得到增长。

同自然界其他生态系统一样，活性污泥也是一种由分解者（细菌、真菌

---

[1]　王洪臣. 百年活性污泥法的革新方向 ［J］. 给水排水，2014，40（10）：1-3.
[2]　张自杰，等. 排水工程（下）［M］. 4 版. 北京：中国建筑工业出版社，1999：92-93.

类）、一次捕食者（原生动物）和二次捕食者（后生动物）等不同营养级、食物链组成的生态系统。 其中原生动物是活性污泥系统中能够判断处理水质的优劣的指示性生物；后生动物（主要指轮虫）是处理水质非常稳定的标志。

常规的活性污泥处理系统有以下 13 种：

1）早期开始使用并沿用至今的普通活性污泥法，又称传统活性污泥法处理系统；

2）针对传统活性污泥法系统存在的耗氧速度变化和进水水质水量适应性低的问题，进行工艺改进后的分段进水活性污泥法系统或分段进水活性污泥法处理系统；

3）由传统活性污泥法系统变型的再生曝气活性污泥法系统；

4）吸附-再生活性污泥法系统，又名生物吸附活性污泥法系统，或接触稳定法处理系统；

5）延时曝气活性污泥法系统，也称完全氧化活性污泥法系统，曝气反应时间一般大于等于 24h；

6）高负荷活性污泥法系统，又称短时曝气活性污泥法或不完全处理活性污泥法系统，一般 BOD_5 去除率不超过 70％～75％；

7）BOD_5 去除率超过 90％、处理水的 BOD_5 浓度小于 20mg/L 的完全处理活性污泥法系统；

8）适用于处理浓度较高工业废水的完全混合活性污泥法系统；

9）原污水含有高浓度的有机污染物时考虑采用的多级（二级或三级）活性污泥法处理系统；

10）采用深度在 7m 以上的深水曝气池的深水曝气活性污泥法系统，有深水中层曝气池和深水底层曝气池两种；

11）深井曝气活性污泥法系统，又名超水深曝气活性污泥法系统，适用于高浓度有机废水的处理；

12）浅层曝气活性污泥法系统，也称殷卡曝气法（Inka Aeration）；

13）纯氧曝气活性污泥污系统，也叫富氧曝气活性污泥法。

自活性污泥法诞生以来，有关生物处理专家、专业科学研究者、行业技术工作者结合时代需求，致力于活性污泥处理系统向多功能方向发展，改变以去除有机污染物为主要功能的传统模式，突破了仅作为二级处理技术的传统观念，在脱氮、除磷方面效果显著，能够作为三级处理技术。

在不断改造、发展和实际运行中，涌现的氧化沟法，又称循环曝气池，是活性污泥法的一种变化，常用的氧化沟系统有荷兰公司开发的卡罗塞（Carrousel）氧化沟、丹麦公司开发的 2 池和 3 池的交替工作氧化沟系统、二次沉淀池交替运行氧化沟系统、奥巴勒（Orbal）型氧化沟系统、曝气-沉淀一体化氧化沟、间歇式活性污泥法（Sequencing Batch Reactor，SBR，也称序批式活性污泥处理系统），以及德国开创的吸附-生物降解（Adsorption - Biodegration）工艺（简称"AB法污水处理工艺"）等新型活性污泥法处理系统，应用效果显著。

　　活性污泥法处理系统基于主要去除目标是有机物、磷、氮的原则，根据工艺构成和实施方式有三种划分类型的方式：一是围绕去除目标选择相应泥龄，按污泥泥龄划分，比如去除有机物的泥龄一般为 3 天，氨氮的硝化需要 7 天，要达到《城镇污水处理厂污染物排放标准》（GB 18918—2002）一级 A 标准的泥龄则需要 15～20 天；二是按核心工艺组分中电子受体的供给方式及分布划分，即厌氧、缺氧、好氧在时间和空间上的分布状态；三是根据污泥产率、反应池流态、典型曝气设备的选择、固液分离方式等划分❶。

　　活性污泥法有与生俱来的经济性和可持续性，加之人类智慧使其效率不断提高，各种各样的活性污泥法处理工艺、流行技术和改造方法层出不穷，一直在否定着各类物理、化学或物理化学技术成为污水处理主流技术的可能性❷。　但在新形势下，活性污泥法因其日益凸显的高耗能、不容小觑的碳排放源和产生大量生物污泥"累赘"的重大缺陷，被学术界和水处理业界形象地表述为"以能量摧毁能量""减排水污染物、增排温室气体"的技术，相信将会有新的主流技术取而代之。

二、生物膜法

　　污水的生物膜法处理系统与活性污泥法处理系统同属于污水好氧生物处理技术，两者具有相同的污染物去除机制和污水净化机理。　生物膜法源于自然，不断发展，常见的生物膜法处理系统有生物滤池（普通生物滤池、高负荷生物滤池、塔式生物滤池）、生物转盘、生物接触氧化设备和生物流化床等。

　　与活性污泥法不同的是，活性污泥法中微生物不需要填料载体，生物污泥是悬浮的，而生物膜法中的微生物，是固定在填料上的。

　　自然条件下，污水中只要存在有机污染物，就会滋生繁衍以细菌为主的微生物和原生动物、后生动物，在适合的环境条件下只要有载体或滤料存在，与污水

---

❶　郑兴灿. 城镇污水处理厂提标建设之路。
❷　王洪臣. 百年活性污泥法的革新方向［J］. 给水排水，2014，40（10）：1-3。

不断流动接触的载体或滤料表面就会被一种膜状污泥——生物膜所覆盖，并在膜上形成比较稳定的生态系统和食物链。 污水中的有机污染物作为营养物质被生物膜上的微生物所摄取，以供微生物自身的新陈代谢，污水得到净化，微生物自身也得到繁衍增殖。

生物膜处理技术是通过人工强化技术将生物膜引入到污水处理中，与活性污泥法相比，生物膜法在微生物相方面，参与净化反应的微生物具有多样性，有藻类，有昆虫，食物链长，污泥产量低；能够存活世代时间较长的硝化菌和亚硝化菌等微生物，有一定硝化功能等特征。 在处理工艺方面，具有较强适应水质水量变动的能力；污泥沉降性能良好，宜于固液分离；能够处理 BOD_5 为 $20\sim30mg/L$ 的低浓度污水；生物膜反应器具有易于维护运行、动力费用较低等特征。

凡是在污水生物处理的各工艺中引入微生物附着生长载体（或称之为滤料、填料等，视具体工艺而言）的反应器，均可定义为生物膜反应器，包括以生物膜为主体的生物膜反应器，还包括引入生物膜的复合式生物膜反应器。 根据生物膜反应器内微生物附着生长载体的状态，生物膜反应器可以划分为固定床和流动床两大类。 具体生物膜反应器类型见图 2-12[1]。

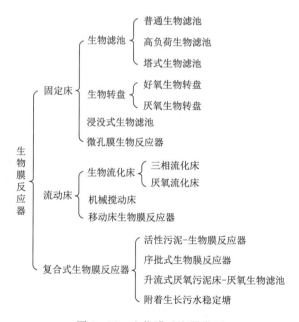

图 2-12　生物膜反应器类型

---

[1]　王艺. 城市污水生物处理工艺中传质机理及其载体填料的研究 [D]. 长春：吉林大学，2005：1-7。

尽管生物膜法较活性污泥法在某些方面有一定的改善，但其存在的传质过程效率低、生物反应过程时间长、有机底物利用率低和生物污泥"累赘"等普遍问题仍然是环境工程领域国际科学前沿课题。可以预测，在未来的污水处理领域，生物膜法与活性污泥法一样，可能被其他技术取代。

采用活性污泥法和生物膜法的二级生化处理工艺，主要是去除污水中的含碳有机物，除了很小一部分氮、磷被合成细胞以剩余污泥形式排放外，污水中的大部分氮、磷随处理水排出。

其他采用生物处理技术的污水处理系统有稳定塘、污水的土地处理系统（其中人工湿地系统应用广泛）等。自然给予了人类无穷的启示和神奇，无论工艺、技术如何更新换代、概念更迭，都要尊重自然、顺应自然、保护自然，向自然学习循环经济，模仿生态系统闭环发展，以满足人民群众日益增长的美好生活需要为目标才是硬道理。

第五节 污水脱氮除磷工艺

城市污水处理的主要功能是去除有机污染物和无机营养物质。有机污染物通过生物处理常规工艺活性污泥法和生物膜法得到有效分离和去除，无机营养物质主要是无机氮磷，是导致水体富营养化的根源。从源头上控制污水中氮磷等营养物质的排放，提升污水处理标准成为遏制水体黑臭和富营养化的关键因素。

一、污水处理除磷工艺

磷是参与植物和微生物生长代谢的重要营养源之一。微生物对碳、氮、磷三种元素的需求比例约为 100 : 10 : 1，少量的磷即可促进微生物的生长[1]。磷被认为是水体富营养化的限制性因子。无磷洗涤剂的推广使用也是防止水体富营养化的源头控制措施之一，为城市生活污水处理厂除磷贡献了部分力量。

污水处理厂的除磷技术是利用磷的溶解态和固体形态可相互转化的性能开发出来的。污水除磷按去除机制分为化学沉淀法除磷和生物除磷两种。化学沉

---

[1] Domoń A，Papciak D，Tchórzewska – Cieślak B，et al. Biostability of Tap Water—A Qualitative Analysis of Health Risk in the Example of Groundwater Treatment (Semi – Technical Scale) [J]. Water，2018，10 (12)：1764。

淀法是通过化学反应使磷成为不溶性固体沉淀物，从污水中分离出去的除磷方法。 生物除磷法是通过微生物摄取到细胞内经新陈代谢、通过生物污泥排放从污水中去除的除磷方法。

（一）化学除磷

磷的化学沉淀大多是通过投加钙、铝和铁等多价金属离子盐来产生微溶磷酸盐沉淀物，辅以聚丙烯酰胺等聚合物作为助凝剂与混凝剂同时使用完成的。根据投加化学药剂位置及除磷反应发生部分的不同，化学除磷分为预沉除磷、反应器主体除磷、旁侧流除磷、后沉淀除磷。

化学除磷法一般分为混凝沉淀除磷技术和晶析法除磷技术。 其中，混凝沉淀除磷技术又包括金属盐（铝盐、铁盐）混凝沉淀除磷和石灰混凝沉淀除磷；晶析法除磷技术以鸟粪石结晶法去除和回收污水中的磷，日益得到关注[1]。

鸟粪石生成化学方程为：$Mg^{2+} + NH_4^+ + PO_4^{3-} + 6H_2O \longrightarrow MgNH_4PO_4 \cdot 6H_2O\downarrow$。 鸟粪石学名为磷酸铵镁（$MgNH_4PO_4 \cdot 6H_2O$），英文缩写 MAP（Magnesium Ammonium Phosphate），白色粉末无机晶体矿物，相对密度 1.71。 废水处理中的鸟粪石晶析法就是将镁离子加入到含有磷酸盐和氨氮的污水中，反应生成难溶的鸟粪石沉淀，以实现污水除磷并回收磷资源的方法。

化学除磷无论是采用何种药剂与工艺，都会造成处理成本的增加；并且化学药剂的投加量很难控制，磷从液相到固相转移污染物，增加污泥产量，除磷沉淀后的污泥本身很难被处理会造成环境的二次污染[2]。

（二）生物除磷

生物除磷技术已成为现阶段城市污水除磷的主要技术手段，其除磷过程是利用细胞合成，将环境中的可溶性磷酸盐吸收到污泥微生物细胞中，从而将可溶性磷酸盐转化为多聚磷酸盐，随生化污泥排出。 磷在污水中的转化和循环见图 2-13。

生物除磷作为一种经济有效的除磷方法，主要依赖一类在交替经历厌氧/好氧环境下，能够在好氧条件下从环境中过量吸收超出其自身生长代谢需要的磷量的微生物，实现污水中的磷去除。 这些微生物不是单一的一种菌，而是这类具有"超量"吸磷能力的微生物的统称，一般被称为聚磷菌。

---

[1] 董滨，等. 鸟粪石结晶法处理猪场污水的研究现状及发展趋势 [J]. 水处理技术，2009，35（8）：5-9。

[2] 苗志加. 强化生物除磷系统聚磷菌的富集反硝化除磷特性 [D]. 北京：北京工业大学，2013：2-4。

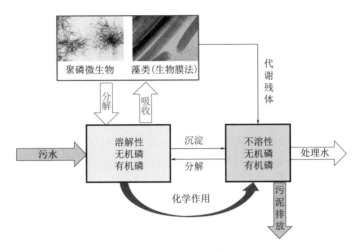

图 2-13 磷在污水中的转化和循环

根据生物除磷的原理，若要在活性污泥中实现除磷，则需要使活性污泥处于厌氧和好氧交替的环境，同时使得污泥能在不同的环境中循环。 主要的生物除磷工艺有磷去除率在 60％～76％之间的厌氧/好氧除磷工艺（A/O）、磷去除率在 85％～90％之间的厌氧/缺氧/好氧工艺（A²/O）、磷去除率在 75％～90％之间的 Bardenpho 工艺及其改进的 Phoredox 工艺、与化学除磷相结合的磷的去除在 90％～95％之间的 Phostrip 工艺❶。

按人工强化作用对象不同，生物除磷又可分为保证聚磷菌生长的强化生物除磷工艺（Enhance Biolmass Phosphorus Removal，EBPR）和利用反硝化聚磷菌功能的反硝化除磷工艺❷。

我国污水处理厂在不断的提标改造过程中，要实现 TP（总磷）小于等于 0.5mg/L 的《城镇污水处理厂污染物排放标准》（GB 18918—2002）一级 A 标准，通过延长处理流程和使用化学药剂的主流选择❸，即通过生物方法、辅以化学过程实现高效去除无机磷不存在技术障碍❹，问题主要集中在无机氮的去除。

❶ 王然登.SBR 生物除磷系统中颗粒污泥的形成及其特性研究 [D]. 哈尔滨：哈尔滨工业大学，2015：3-6。

❷ 苗志加.强化生物除磷系统聚磷菌的富集反硝化除磷特性 [D]. 北京：北京工业大学，2013：4-19。

❸ 邱勇，等.污水处理厂化学除磷自动控制系统优化研究 [J]. 给水排水，2016，42（7）：126-129。

❹ 王洪臣.百年活性污泥法的革新方向 [J]. 给水排水，2014，40（10）：1-3。

当然，污水处理厂可以通过生物、化学方法有效除磷，实现达标排放，但是综合考虑导致我国水体富营养化和三湖（太湖、巢湖、滇池）水质主要污染指标总磷❶的污染源情况，未来将点源污染与面源污染整合、城市发展与乡村整治融合、循环工业与绿色农业结合应该是解决水污染的必经之路。

二、污水处理脱氮工艺

氮与磷性质不同，磷可以经固液两相态转化去除，而氮化合物是以有机体、氨态氮、亚硝酸氮、硝酸氮以及气态氮形式存在。 氮的去除主要是利用、强化自然界中氮循环的自然现象（图 2 - 14），通过物理化学和生物技术促使氨气和气态氮的生成，从水中逸出，以实现脱氮目标。

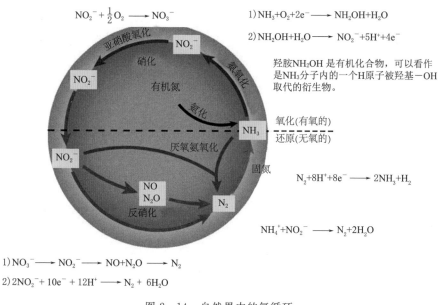

图 2 - 14 自然界中的氮循环

自然界氮循环中，图 2 - 14 中虚线以上过程为氮的氧化反应（氨化作用和硝化作用），虚线以下过程为氮的还原反应（反硝化作用和厌氧作用）。 图中黑线为有机氮的氨化作用，蓝线为硝化作用（氨氧化和亚硝酸氧化），紫线为反硝化作用，绿线为厌氧氨氧化作用（anaerobic ammonium oxidation, Anammox），图中红线为固氮作用。

---

❶ 中国生态环境部. 中国生态环境状况公报 2018 ［R］，2019：18 - 35.

　　氨化作用是指有机氮化合物在微生物作用下分解为氨态氮；氨态氮在硝化菌（包括亚硝酸菌和硝酸菌）作用下，经亚硝化和硝化两个步骤，转化为亚硝酸氮、硝酸氮，硝化菌属自养型菌，硝化反应式为

$$2NH_3 + 4O_2 \longrightarrow 2HNO_3 + 2H_2O + 能量$$

　　反硝化作用是指硝酸氮和亚硝酸氮在反硝化菌的作用下，还原成分子态氮的过程。反硝化菌为异养型兼性厌氧菌的细菌，厌氧条件下，反应式为

$$2HNO_3 + CH_3COOH \longrightarrow 2H_2O + 2HCO_3 + N_2 \uparrow$$

式中：CH_3COOH 为反硝化菌所需要的有机碳源。

　　污水脱氮技术分为物理化学脱氮和生物脱氮两种。物理化学脱氮技术有折点加氯、氨氮吹脱、离子交换、膜过滤等。常用物理化学技术是氨氮吹脱去除法。水中的氨氮多以游离氨（NH_3）和铵离子（NH_4^+）状态存在：

$$NH_3 + H_2O \rightleftharpoons NH_4^+ + OH^-$$

　　两者平衡关系受 pH 值和水温影响。通过曝气吹脱物理作用，可促使游离氨从水中逸出，实现脱氮效果。

　　生物脱氮技术目前以活性污泥法和生物膜法为主，兼具脱氮除磷功能。适合我国城市污水特质、广泛使用、确有成效的工艺有 A/O 法、A²/O 法及其改良工艺。

（一）A/O 工艺

　　A/O 工艺，即缺氧-好氧（Anoxic‑Oxic）工艺，是脱氮工艺中最广泛的应用之一。污水首先进入缺氧段，利用反硝化菌，将污水中硝酸盐氮转变为氮气，脱离反应系统；随后污水进入好氧段能够继续利用有机物，进行硝化作用，产生大量硝酸盐氮的污水，通过内回流返回缺氧段，利用进水中的碳源进行反硝化脱氮。常规 A/O 污泥法工艺流程示意见图 2‑15。

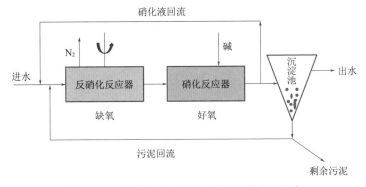

图 2‑15　常规缺氧-好氧（A/O）工艺流程示意

63

此工艺存在着内回流过大，能耗高；抗冲击负荷能力弱；工艺流程长、占地面积大；TN 去除效率低；低碳源污水厂需要额外补充碳源来提高去除率等问题。

将 A/O 工艺串联形成多级 A/O 活性污泥法或生物膜法工艺，使进水连续流经每个 A 段和 O 段，可大幅提升系统整体的反硝化效果。河南省睢县新概念污水厂采用工艺为四段 A/O 活性污泥法工艺。

（二）A^2/O 工艺

A^2/O 工艺及其改良工艺是当前污水处理厂提标改造过程中普遍采用的工艺，可以实现污水处理厂出水达到《城镇污水处理厂污染物排放标准》（GB 18918—2002）一级 A 标准。A^2/O 是厌氧-缺氧-好氧（Anaerobic - Anoxic - Oxic）的英文首字母缩写，在缺氧-好氧（A/O）工艺中加一厌氧池，将好氧池流出的一部分混合液回流至缺氧池前端。常规 A^2/O 工艺见图 2 - 16。

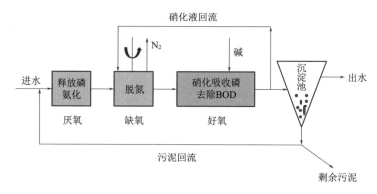

图 2 - 16 常规厌氧-缺氧-好氧(A^2/O)工艺流程示意图

随着水体富营养化问题的凸显，脱氮除磷、脱色除臭成为污水处理的主要诉求，工艺从 A/O 到 A^2/O 及其变种工艺趋向成熟，运用于全世界污水处理厂。但是这些工艺消耗大量的能源和资源，排放温室气体，低氮不低碳，有悖于人们日益增长的健康水生态、有效应对气候变化的美好需求，新的低碳、少废工艺呼之欲出。

三、厌氧氨氧化工艺

"以能量摧毁能量"和副产大量"二次污染"污泥的传统工艺让人们对污水处理厂爱恨有加、避之不及，对高效脱氮除磷、节能降耗的污水处理工艺的探索从未停止。从 1977 年理论预言、20 世纪 80 年代观察发现、到 1995 年得到证实，"厌氧氨氧化"（anaerobic ammonium oxidation，ANAMMOX）现象得以命名，"ANAMMOX"成了学术界争相研究的热点[1]。发生厌氧氨氧化反应的微生物称为"厌氧氨氧化菌"，厌氧氨氧化细菌富集后为肉眼可见红色颗粒污泥，俗称"红菌"。从实验室研究到工程化实践，厌氧氨氧化工艺开始蓬勃发展。

厌氧氨氧化是指在厌氧或缺氧条件下，厌氧氨氧化菌以 NO_2^--N 为电子受体，以 NH_3-N 为电子供体，将 NH_3-N 转化为氮气的生物过程。该工艺几乎无需碳源，药剂投加量减半，污泥产量和温室气体排放远低于传统的硝化反硝化工艺。

2002 年，世界上第一座厌氧氨氧化工程在荷兰鹿特丹 Dokhaven 污水处理厂建成[2]。2014 年全世界厌氧氨氧化工程建成 96 座、在建 10 座、在设计 8 座，其中 75% 应用于城市污水处理厂中的污泥消化液或脱水滤液的脱氮，即侧流厌氧氨氧化应用较为成熟[3]。而厌氧氨氧化技术的最大潜力应是直接处理生活污水，即主流厌氧氨氧化应用，但存在的理想菌群和工艺参数优化等技术瓶颈，限制了主流厌氧氨氧化的应用。目前，全球有 5 座污水处理厂在尝试实践主流厌氧氨氧化[2]。

我国也进行了积极探索，中国工程院院士彭永臻团队 2008 年以来开展了垃圾渗滤液、污泥脱水液的厌氧氨氧化处理研究。2011 年起，基于国内外首次发现和实现短程反硝化，彭永臻团队持续对其耦合厌氧氨氧化工艺与机理进行深入研究，有基于短程硝化/反硝化－厌氧氨氧化的城市污水生物除磷自养脱氮方法研究[4]、城市污水主流厌氧氨氧化连续流工艺的脱氮除磷效能研究[5]等工作，并在 2012—2013 年西安第四污水处理厂改造中得以应用。在厌氧区和缺氧区以进水有机物为电子供体，通过短程反硝化将硝态氮还原为亚硝态氮的技术途径见图 2-17。

---

[1] J. Gijs Kuenen. Anammox bacteria：from discovery to application [J]. Nature，2008，6（4）：320-326。

[2] 陈珺，等. 城市污水处理工艺迈向主流厌氧氨氧化的挑战与展望 [J]. 给水排水，2015，41（10）：29-34。

[3] Susanne Lackner，et al. Full-scale partial nitration/ anammox experiences-an application survey [J]. Water Research，2014，55（5）：292-303。

[4] 彭永臻院士关于西安四污厂的三次澄清说明 [EB/OL]. 2018-11-19. https：//www. nen-gapp. com/news/detail/1270737。

[5] 刘文龙. 城市污水主流厌氧氨氧化连续流工艺的脱氮除磷效能研究 [D]. 哈尔滨：哈尔滨工业大学，2019。

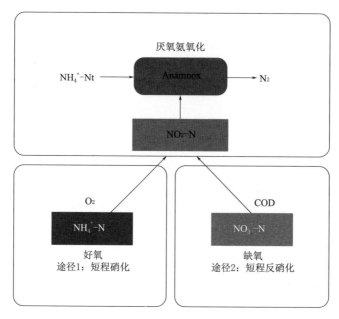

图 2-17　厌氧氨氧化脱氮的技术途径

　　上海交通大学的蔺琳萍团队 1998 年发现限制自养硝化反硝化工艺（oxygen limited autotrophic nitrification - denitrification degradation，OLAND），2010 年通过解决菌种问题和实现工艺条件优化，提出了限氧硝化反硝化脱氮技术（oxygen limited nitrification - denitrification degradation，OLND），同年在杭州天子岭垃圾填埋场 1500m³/d 渗滤液处理工程中得到应用，稳定实现总氮等各项出水指标达到《生活垃圾填埋场污染控制标准》（GB 16889—2008）"表 3 标准"，即总氮小于等于 20mg/L，氨氮小于等于 8mg/L，总磷小于等于 1.5mg/L，具体指标见表 2-2。

表 2-2　　　　现有和新建生活垃圾填埋场水污染物特别排放限值❶

序号	控 制 污 染 物	排放质量浓度限值	污染物排放监控位置
1	色度（稀释倍数）	30	常规污水处理设施排放口
2	化学需氧量（COD_{Cr}）/（mg/L）	60	常规污水处理设施排放口
3	生化需氧量（BOD_5）/（mg/L）	20	常规污水处理设施排放口
4	悬浮物/（mg/L）	30	常规污水处理设施排放口

❶　国家标准《生活垃圾填埋场污染控制标准》（GB 16889—2008）中表 3。

序号	控 制 污 染 物	排放质量浓度限值	污染物排放监控位置
5	总氮/(mg/L)	20	常规污水处理设施排放口
6	氨氮/(mg/L)	8	常规污水处理设施排放口
7	总磷/(mg/L)	1.5	常规污水处理设施排放口
8	粪大肠菌群数/(个/L)	10000	常规污水处理设施排放口
9	总汞/(mg/L)	0.001	常规污水处理设施排放口
10	总镉/(mg/L)	0.01	常规污水处理设施排放口
11	总铬/(mg/L)	0.1	常规污水处理设施排放口
12	六价铬/(mg/L)	0.05	常规污水处理设施排放口
13	总砷/(mg/L)	0.1	常规污水处理设施排放口
14	总铅/(mg/L)	0.1	常规污水处理设施排放口

厌氧氨氧化菌的发现使得自养生物脱氮成为可能。厌氧氨氧化菌能够利用亚硝酸盐作为电子受体氧化氨氮，以二氧化碳为碳源进行生长。因此，厌氧氨氧化脱氮过程无需有机物，污水中的有机物可以最大程度地用于厌氧发酵产生能源物质甲烷，实现污水中的能量回收，与此同时，厌氧氨氧化脱氮技术还可使耗氧量降低 60%。厌氧氨氧化脱氮技术有望使城市污水处理厂由能耗大户转变为能量自给或能量外供的企业[1]。

氮是地球上所有生物的重要组成部分，也是限制地球上所有生命体的主要营养成分。所有微生物中只有一小部分被培养被人们利用，未被培养的大多数可能含有未被发现的代谢途径，微生物构成的氮循环研究永无止境[2]。有研究表明，在一氧化氮浓度足以让其他生命体致命的条件下，厌氧氨氧化菌（Anammox）竟然可以仅靠一氧化氮来生长，反应方程式[3]为

$$6NO + 4NH_4^+ \longrightarrow 5N_2 \uparrow + 6H_2O + 4H^+$$

没有产生一氧化二氮（N$_2$O，温室气体）和硝态氮，这一发现可能改变和重构地球氮循环网络，有助于进一步了解自然和人工系统里面厌氧氨氧化菌的作

❶ 彭永臻. "厌氧氨氧化在污水处理中的研究与应用"专题序言［J］. 北京工业大学学报，2015，41（10）：Ⅰ-Ⅱ。

❷ Marcel M. M. Kuypers, et al. The microbial nitrogen - cycling network［J］. Nature Reviews Microbiology，2018，16（2）：263 - 276。

❸ Ziye Hu et al. Nitric oxide - dependent anaerobic ammonium oxidation［J］. Nature Communications，2019，10（3）：1 - 7。

用机理，相信负责氮循环的微生物的不同组合能够或正在带来污水处理的新工艺。

/本　章　小　结/

水是万物之源，没有其他任何物质可替代，用之不觉，失之难存。取水、用水、排水，天经地义。然而，现在的水质量日渐被人类活动影响。随着人口不断增加、工业化迅猛发展、城市化快速提高、农业规模化集约化生产普及，导致水资源缺口大、水环境质量差、水生态受损重等严峻形势，自然水循环被割裂，水平衡被打破，水体净化能力被压缩、削弱，甚至破坏，代价惨重。

知其然知其所以然。污水是什么？这个问题的回答体现了人类对水的认识的变化，日益客观、全面、科学。正确的污水观，是回归常识、回归初心的基础和关键，对解决水问题具有重要的实践指导意义。

污水怎么产生和处理的？知道怎么来的，才懂得怎么去。理解污水处理的机理，更能明白大自然的神奇和宽容。了解和熟悉各种污水处理工艺，才能激发个人、企业、社会节约用水的动力，更好实现源头控制、中间阻断、末端治理的全过程污染削减目标。

作为人工强化的城镇污水处理事业和处理设施的兴起和发展，直接承担着城市公共卫生安全与人居环境质量改善的重要责任，是重新链接社会-自然二元水循环的重要纽带，是控制水污染的关键环节，是确保水资源的稳健途径，是恢复水生态的基础条件。

第三章

我国污水处理现状

我国城市污水处理虽然与世界城市污水处理同步。但与一个世纪前已经广泛实施污水管理的工业化国家相比，中国的污水管理在 40 年前几乎是空白。[1] 改革开放以来，我国水污染控制逐步好转。

第一节 城市污水处理设施和能力

我国城市污水处理历史悠久，20 世纪 20 年代，上海就建成运行了我国乃至整个远东地区最早的污水集中处理系统，但在之后的 60 年里，我国建设的污水处理厂数量很少，仅在西安、太原、北京等地有少数尝试[2]。 1949 年，全国记录在册

---

[1] Jiuhui Qu et al. Municipal wastewater treatment in China：Development history and future perspectives [J]. Frontiers of Environmental Science & Engineering，2019，13（6）：1–7。

[2] 郑兴灿. 中国城市污水处理工艺的历史回顾与未来挑战 [C]. 第二届中国环保技术与产业发展推进会，2014。

的污水处理厂也才 4 座（上海 3 座，山东青岛 1 座），而实际仅运行 1 座❶❷。中华人民共和国成立初期，污水处理没有形成行业；改革开放前期，城市化率低，城市排水污染程度小，污水多通过一级处理后用于农业灌溉，处理率长期在 5％徘徊，造成我国污水处理事业滞后，1984 年才开始缓慢发展。 2010 年，我国城市污水日处理能力超 1 亿 t，污水处理率实现 80％以上。

一、我国的城镇化发展

城镇化是现代化的必由之路。 中华人民共和国成立 70 年以来，我国经历了世界历史上规模最大、速度最快的城镇化进程。 城镇化的推进不仅能够激发经济发展的潜力，还可以解决很多社会问题。

我国城镇化起点低，1948 年年末，我国有 58 个城市，随着解放战争的胜利，大批县城改设为城市。 1949 年年末，全国城市达 132 个，其中地级以上城市 65 个，县级市 67 个，建制镇 2000 个左右。 1978 年，常住人口城镇化率基本保持为 17％～18％。 2013 年，我国常住人口城镇化率达到 53.7％，不仅远低于发达国家 80％的平均水平，而且低于人均收入与我国相近的发展中国家 60％的平均水平，还有较大的发展空间。 2001—2015 年我国城镇化进程见图 3 - 1。

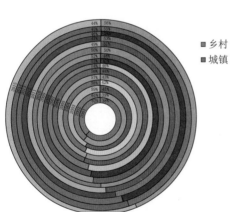

■ 乡村
■ 城镇

图 3 - 1　2001—2015 年我国城镇化进程❸

2018 年年末，我国城市个数达到 672 个，其中地级以上城市 297 个，县级市 375 个，建制镇 21297 个；我国常住人口城镇化率达到 59.58％。《2019 年国民经济和社会发展统计公报》统计，2019 年年末，全国大陆总人口 140005 万人，比 2018 年年末增加 467 万人，其中城镇常住人口 84843 万人，占总人口比重（常住人口城镇化率）的 60.60％，首次超过 60％，比 2018 年年末提高 1.02 个百

❶　杨宝林 . 20 世纪城市污水处理厂回顾：发展与现状［C］. 中国水污染防治技术装备论文集，2000（6）：93 - 99。

❷　Jiuhui Qu et al. Municipal wastewater treatment in China：Development history and future perspectives［J］. Frontiers of Environmental Science & Engineering，2019，13（6）：1 - 7。

❸　国家统计局≫国家数据≫可视化产品 . http：//data. stats. gov. cn/vchart. htm？currentPage＝6&pageSize＝9. 2020 年。

分点，户籍人口城镇化率为 44.38%。

郡县治，天下安。 2014 年《政府工作报告》和《国家新型城镇化规划（2014—2020 年）》具体、形象地以解决"三个一亿人"的问题，阐释了以人为核心的新型城镇化。 第一个一亿人是促进一亿农业转移人口落户城镇；第二个一亿人是改造约一亿人居住的城镇棚户区和城中村；第三个一亿人是引导约一亿人在中西部地区就近城镇化。《乡村振兴战略规划（2018—2022 年）》与《国家新型城镇化规划（2014—2020 年）》两大战略协调推进是实现县域经济崛起的重中之重。

二、城市排水和污水处理情况

我国在 20 世纪 70 年代的现代环境保护运动中觉醒，尝试规模化污水处理；20 世纪 80 年代的常规污水处理厂开始建设，是我国污水处理厂发展的重要标志；20 世纪 90 年代重点开展"三河"（淮河、海河、辽河）、"三湖"（太湖、滇池、巢湖）水污染防治，污水处理厂建设突飞猛进；进入 21 世纪，在科学发展观、建设资源节约型环境友好型社会的思想引领下，我国污水处理设施取得跨越式发展，特别是"十八大"生态文明建设的战略抉择和践行，使我国拥有全球最大规模的污水处理能力和市场。 但污水处理厂和辅助设施（特别是管网和污泥处理系统）的发展速度和处理能力仍落后于我国的经济增长和工业发展，污水、污泥资源高效回用、高质量发展既迫在眉睫又任重道远。

我国污水处理厂规模日益壮大，污水处理能力不断提高。 只用 10～15 年就建成了约 5000 个城镇污水处理厂，目前的污水处理规模已经和美国基本相当。截至 2018 年年底，全国 97.4% 的省级及以上工业集聚区建成污水集中处理设施并安装自动在线监控装置。

污水处理厂的数量不断翻番，但是总体规模却并没有实现同步增加。 截至 2020 年 1 月底，全国共有 10113 个污水处理厂（包括市政系统外）核发了排污许可证，从规模上来看，目前大型污水处理厂数量较少，中型数量较多，主要规模集中在 2 万～5 万 m³/d。 预计到 2050 年，我国市政系统内污水处理厂数量会超过 1 万座，最终可能要通过 2 万～2.5 万座污水处理厂，实现高标准排放，才能从根本上扭转水环境质量恶化的局面，缓解水资源短缺矛盾，恢复部分自然水景。

城镇化导致城市供水量、排水量迅猛增加。《2017 年城乡建设统计年鉴》

显示，1978 年我国城市 193 个，污水年排放量为 1494493 万 m³，统计市政系统内污水处理厂 37 座；1992 年我国城市 517 个，污水年排放量超 300 亿 m³，市政系统内污水处理厂 100 座；2011 年我国城市 657 个，污水年排放量超 400 亿 m³，城市污水处理厂 1588 座。全国历年（1978—2017）污水年排放量、日处理能力见图 3-2，污水处理厂数量和污水处理率见图 3-3，图内污水处理厂仅统计设市城市。

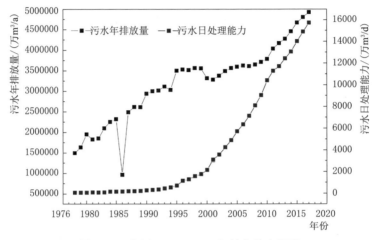

图 3-2 我国 1978—2017 年城市排水情况

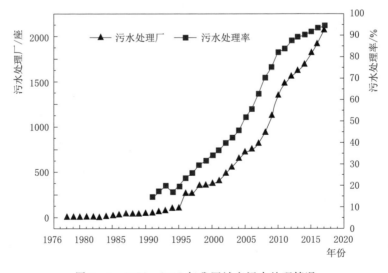

图 3-3 1978—2017 年我国城市污水处理情况

2018 年，全国城镇建成运行污水处理厂 4332 座，污水日处理能力 1.95 亿

m^3/d，城市和县城共建成污水管网（含合流制管网）约 55 万 km[1]。 其中，城市污水处理厂 2321 座，处理能力 1.69 亿 m^3/d，污水处理率从 2014 年开始超 90%；2017 年县城污水处理率首次突破 90%，2018 年全国城市污水处理率为 95.49%，其中江苏污水处理率为 95.61%、河南污水处理率为 97.29%。 污水处理率上升空间不大，污水处理厂提标改造如火如荼，在提标改造过程中增效减耗、在最大保护中实现水环境的整体改善目标意义重大。

专栏 3-1

我国最早的城市污水处理厂

上海是我国最早建成污水处理厂的城市。1843 年 11 月 17 日，根据中国近代史上第一个不平等条约《南京条约》和《五口通商章程》规定，上海开埠，现代意义上的上海市政建设起步。随着贸易、金融和工业兴起，城市规模不断扩大，人口迅速增加，未经处理的工业废水、生活污水、生活垃圾向河道任意排放、倾倒，使市区河道水质逐步受到污染。

1918 年，上海公共租界工部局提出，不准任何未经净化处理的污水排入黄浦江，建议污水集中收集、处理。1920 年 12 月，上海公共租界工部局通过包括西区、北区和东区净水厂和管网建设的中央区污水处理系统规划，采用当时最先进的活性污泥法，污水二级处理，设计处理规模 $40000m^3/d$。投资、设计、建造均由英国人负责。

欧阳路北区污水厂，1921 年开工，1923 年建成，位于上海市欧阳路 681 号，是国内最早的城市污水处理厂，处理规模 $3500\ m^3/d$，1954 年扩建到 $4500m^3/d$，20 世纪 70 年代后期日流量 1.2 万 m^3/d，超负荷运行，1989 年，北区污水处理系统全部纳入曲阳污水处理厂，1990 年 8 月，停止运转，1993 年年底正式报废。

天山路西区污水处理厂，1922 年开工，1926 年建成，位于上海市天山路 30 号，初期处理能力 $1363m^3/d$，1939 年达 $7000m^3/d$，1958 年 2 万 m^3/d，1985 年达 2.43 万 m^3/d。1987 年 10 月西区污水处理系统纳入新天山污水处理厂后，停止运转，1994 年 4 月正式报废。

---

[1] 生态环境部公布 2018 年度《水污染防治行动计划》重点任务实施情况，中华人民共和国中央人民政府网站 http://www.gov.cn/xinwen/2019-07/25/content_5415071.html。

上海东区污水处理厂，简称"东厂"，1924年开工，1926年12月建成，位于上海市河间路1283号，污水处理能力1.7万t/d，是上海公共租界中央区污水处理系统的重要组成部分，是我国乃至整个远东地区现存并运行的历史最为悠久的污水处理厂。经1930年代中期、1930年代后期、1954年、1964年、1989年5次大规模改建和扩建，1999年达历史最高处理能力34000万m³/d，2002年，日均处理污水2.9万m³/d，服务人口80万人。2006年前后，上海市污水治理三期工程完工，来自控江路地区的污水改由竹园第二污水处理厂处理，不再流入东厂。东厂在污水处理系统的角色已经被取代，并基本停止运作。2008年，厂区中三个闲置的污泥池被改建为生态池塘。

2014年，东厂成功改造为"上海排水科技馆"，用于向公众介绍水处理知识，作为工业遗产和科普教育基地，预约可接待普通公众和学生参观工艺处理实物、图文展示、实际运行，以及专业学生的认识实习等。同时，为了保存厂内污水处理设备的功能，东厂还在展示性运行，日处理污水2400m³；厂内两个辐流式二次沉淀池也被改造为人工湿地。

来源：①陈玲，污水处理厂与城市可持续发展，2014

②上海市地方志办公室，专业志：上海环境保护志：第三篇水污染治理篇

三、污水处理存在的问题和发展趋势

如果要实现发达国家平均80％的城镇化率，即使在"节水优先"的治水理念下，生活污水排放量还会呈刚性增长。目前，我国城镇污水治理领域污水处理率已接近饱和状态，但水环境质量形势依然严峻。

监测数据显示，2019年，全国地表水国控断面水质优良（Ⅰ～Ⅲ类）、丧失使用功能（劣Ⅴ类）比例分别为74.9％、3.4％，相比2018年分别提高3.9个百分点、降低3.3个百分点，水质稳步改善。但是，在城乡环境基础设施建设、氮磷等营养物质控制、流域水生态保护等方面还存在一些突出问题，需要加快推动解决。

2015年，国务院颁布《水污染防治行动计划》（国发〔2015〕17号），提出了"到2020年，地级及以上城市建成区黑臭水体均控制在10％以内，到2030年，城市建成区黑臭水体总体得到消除"的控制性目标。同年，住房和城乡建设部会同环境保护部（2018年组成"生态环境部"）、水利部、农业部（2018年组成"农业农村部"）组织制定、印发了《城市黑臭水体整治工作指南》，明确具体工作目标，见表3-1。

表 3 - 1　　　　　　　　　　我国城市黑臭水体整治工作目标

时 间 节 点	目　标
2015 年年底前	地级及以上城市建成区应完成水体排查，公布黑臭水体名称、责任人及达标期限
2017 年年底前	地级及以上城市建成区应实现河面无大面积漂浮物，河岸无垃圾，无违法排污口；直辖市、省会城市、计划单列市建成区基本消除黑臭水体
2020 年年底前	地级及以上城市建成区黑臭水体均控制在 10% 以内
2030 年	城市建成区黑臭水体总体得到消除

随着 2018 年我国"乡村振兴"战略的实施，农村污水成为农村发展、美丽乡村首当其冲的治理领域。 2020 年中央一号文件《中共中央 国务院关于抓好"三农"领域重点工作确保如期实现全面小康的意见》指出：对标全面建成小康社会，加快补上农村基础设施和公共服务短板；扎实搞好农村人居环境整治；梯次推进农村生活污水治理，优先解决乡镇所在地和中心村生活污水问题；开展农村黑臭水体整治。《水污染防治行动计划》提出"到 2020 年，新增完成环境综合整治的建制村 13 万个"；住房和城乡建设部也提出"到 2020 年，使 30% 的村镇人口得到比较完善的公共排水服务，并使中国各重点保护区内的村镇污水污染问题得到全面有效的控制，从 2016 年起用大约 30 年时间，在中国 90% 的村镇建立完善的排水和污水处理的设施与服务体系"，城乡一体化深度融合发展也不断拷问着污水治理领域的整体能力和水平。

污水处理行业作为"绿色家族"的天生一员，却与可持续发展理念渐行渐远。 自 2016 年第一季度起，环境保护部（2018 年组建成"生态环境部"）定期向社会公布主要污染物排放严重超标的重点排污单位名单，首次公布严重超标排放单位 95 家，其中污水处理厂 20 家。 2018 年 4 月，生态环境部公布 2017 年国家重点监控企业严重超标和处罚情况，在严重超标的 171 家（次）国控重点企业中，有 102 家（次）污水处理厂，在所有类型企业中占比近六成。 2019 年 5 月，生态环境部《关于对 5 家重点排污单位主要污染物排放严重超标问题挂牌督办的通知》公布，5 家排污单位主要污染物排放存在屡查屡犯、长期超标问题，其中 4 家为污水处理厂，国控指标氨氮和化学需氧量在 2018 年第三季度、第四季度连续超标。 污水处理厂成了最大的排污大户。

2019 年，全国地表水监测的 1931 个水质断面（点位）水质总体向好，在总氮不参与评价的情况下，西北诸河、西南诸河、长江流域、浙闽片河流水质为优，珠江流域水质为良好，黄河流域（主要污染指标为氨氮、COD、TP）、松花江流域（主要污染指标为氨氮、COD）、淮河流域（主要污染指标为 TP、COD）、海河流域（主要污染指标为 COD）、辽河流域（主要污染指标为氨氮、COD）轻度污染，无中度污染流域。 监测水质的 110 个重要湖泊（水库）中的 Ⅳ 类、Ⅴ 类和劣 Ⅴ 类水质主要污染指标为 TP、COD 和 COD_{Mn}[❶]。

我国污泥年产量高达约 7000 万 t，包括 3500 万 t 市政污泥和 3500 万 t 工业污泥，但实际有效处理处置率不到 25％。 污水处理厂素来"重水轻泥"，每年排放的污泥量（干重）约占我国城市生活垃圾总量的 17.4％，大部分污水处理厂污泥的安全处置率低于 35％，未经无害化处理的污泥随意乱丢造成二次污染的现象仍很严重。 污泥处置已经成为与污水处理同等重要的环境问题，亟待解决。"尘归尘，土归土"，可以提高污泥资源化，让污泥重新滋养土地。

我国自 2013 年以来大力推进建设自然积存、自然渗透、自然净化的"海绵城市"，重塑"所有水都是雨水"的新型雨水观，就如何容纳过量的雨洪资源、实现城市水灾害的资源化进行了"海绵城市"试点建设的探索和实践。 2015 年和 2016 年，中央财政分两批支持 30 座城市的海绵城市建设试点，具体城市名单见表 3－2。

表 3－2　　　　　　　　　我国海绵城市建设试点城市名单

批　次	试　点　城　市	公布日期
第一批（16 座）	迁安、白城、镇江、嘉兴、池州、厦门、萍乡、济南、鹤壁、武汉、常德、南宁、重庆、遂宁、贵安新区和西咸新区	2015 年 4 月 2 日
第二批（14 座）	北京、天津、大连、上海、宁波、福州、珠海、青岛、深圳、三亚、玉溪、庆阳、西宁、固原	2016 年 4 月 25 日

《国务院办公厅关于推进海绵城市建设的指导意见》（国办发〔2015〕75 号）提出通过海绵城市建设，综合采取"渗、滞、蓄、净、用、排"等措施，最大限度地减少城市开发建设对生态环境的影响，将 70％的降雨就地消纳和利用。 到 2020 年，城市建成区 20％以上的面积达到目标要求；到 2030 年，城市建成区 80％以上的面积达到目标要求。 全国已有 465 个城市编制完成了海绵城市建设专项规划，规划到 2020 年在 1.3 万 km^2 建成区开展海绵城市建设，约占城市建成区面积的 1/4[❷]。 要求已经批准实施城市总体规划的，要按照海绵城市

---

❶ 中国生态环境部．中国生态环境状况公报 2019〔R〕.2020：17－33。

❷ 中华人民共和国住房和城乡建设部．关于政协十三届全国委员会第一次会议第 0093 号（城乡建设类 006 号）提案答复的函（建建复字〔2018〕20 号），2018 年。

建设要求对道路交通、园林绿地、水系统等相关专项规划进行修编，并纳入总体规划一并实施。　凡未落实海绵城市建设要求的各类控制性详细规划都应补充完善海绵城市建设内容❶。

我国水环境治理素以工业点源污染为重，2006 年"社会主义新农村建设"的提出，是我国农业面源污染治理领域的重要转折点，农业面源污染开始高频次地出现在国家法律法规和政策文件中。

2011 年，国务院印发了《"十二五"节能减排综合性工作方案》，农业源水污染物首次被纳入总量控制范围，但是其中并未包含种植业化肥用量的减排要求。

为不断满足人民群众日益增长的优美生态环境需要，住房和城乡建设部、生态环境部、国家发展改革委联合印发《城镇污水处理提质增效三年行动方案（2019—2021 年）》，目标是：经过 3 年努力，地级及以上城市建成区基本无生活污水直排口；基本消除城中村、老旧城区和城乡结合部生活污水收集处理设施空白区；基本消除黑臭水体；城市生活污水集中收集效能显著提高。

四、城市污水处理前景和困难

面对日益凸显的环境污染、气候变化、能源危机、资源枯竭等重大问题，国际污水处理行业开始关注内分泌干扰物、药物和个人护理品等新兴污染物的去除，力求实现完全能源自给的污水处理厂；从污水中回收磷、聚羟基脂肪酸酯（PHAs）生物塑料等资源变得很有前景❷；国内呼吁提标改造同步提效改造，回收甲烷作为燃料或能源、污泥资源化。

污水处理行业目前提出符合低碳原则的 NEWs 理念。　NEWs 是英文"Nutrient（营养物）＋Energy（能源）＋Water（水）＋Factories（工厂）"词组的缩写，表示可持续理念下的污水处理厂是营养物、能源和再生水"三位一体"的生产工厂。　我国污水处理厂的建设和运行中应积极尝试。

为保证水的可持续利用和人类社会的可持续发展，水污染治理已成为当今世界各国最紧迫的任务之一。　人类社会发展到 2015 年，全球缺乏改善的饮用水源的人口有 6.63 亿，缺乏改善的卫生设施的人口有 24 亿，随地便溺的人口有

---

❶　河南省人民政府办公厅关于推进海绵城市建设的实施意见（豫政办〔2016〕73 号）. 2016 年 5 月 12 日，https：//www.henan.gov.cn/2016/05－31/247879.html。

❷　曲久辉、王凯军、王洪臣等. 建设面向未来的中国污水处理概念厂 [N]. 中国环境报，2014－01－7，第 010 版。

9.46 亿❶。

人类生活污水的处理一直都不是个容易的问题。在一些不发达的地区，污水的归宿就是废水塘，自生自灭，缓慢分解；而在有条件的地区，则会在机械净化厂中进行净化处理。机械净化厂虽然能较快地处理这些排泄物，但它成本昂贵、使用大量劳动力，而且普遍还要用到一些化学物质。

发达国家水处理行业已基本进入成熟阶段，供排水设施齐备，供应充足，覆盖面广。北美、澳大利亚、欧洲、日本、新加坡等发达国家、地区的污水处理设施覆盖率都接近 100％，城市污水处理系统开始向污水资源化转变，即把排水系统的最终物——处理后的出水和污泥变为可利用的资源，使污水处理及再生利用成为一种自然资源再生利用的新兴工业，与自然生态中水环境构成一个系统。

曲久辉院士指出，国内污水处理目前仍以活性污泥法为主，沿袭的仍是国外 20 世纪 60、70 年代工艺路线，技术发展几乎停滞，污水处理厂的资源回收几近空白。清华大学王凯军认为，中国污水处理厂在以高能耗换取水质改善。2011 年，中国污水处理厂的总电耗也已达到 100 亿 kW·h。

在现有的城市污水处理中，抱着完全矿化、资源化的态度，回用氮、磷、硫，回收有机物，提取海藻素、回收能源等的探索，仅仅是从理念转化的角度出发。但实际生产中，要把这种被动的污染物处理转变成新的工艺、技术、方法和设备，还存在成本的经济性、技术的可靠性、工艺的环保性和设备的可得性等方面的困难。

社会公民的环境意识对环境保护和污泥处理处置措施的有效落实具有重要作用。发达国家污水处理厂、污泥处理中心等市政设施单位均设有科普宣教中心，定期对所服务范围的中小学生和市民进行宣传教育。通过宣传教育，使公众对环境问题给予理解和重视，增加节水意识，积极缴纳排污费等相关费用，形成良性循环。政府、企业、非政府组织等开展的环境教育值得我国污水处理和污泥处置行业借鉴。

污水处理作为能耗密集型行业，消耗的能源主要包括电、燃料、药剂等，能耗成本占总成本的 50％以上。发达国家污水处理能耗已占全社会能耗的 3％左右，是节能降耗的重要领域。中国城镇污水处理年电耗已突破 100 亿 kW·h，其能耗约占到社会总能耗的 2％，且将继续增大。当前，我国污水处理厂的建

---

❶ 联合国开发计划署．人类发展报告［R］．2016：28-30。

设运营普遍粗放低效，节能空间更为巨大。

要实现发达国家平均每 1 万人拥有一座生活污水处理厂的指标，我国要补齐城镇污水收集和处理设施短板，完全达到处理后稳定排放任重而道远。既要解决污水处理历史遗留问题，又要应对未来水污染治理、水资源再生、水生态修复等领域高质量发展的挑战，还要面对来自环境治理基础设施的"邻避效应"的困境，寻找城乡新的水产业热点和投资方向应该成为行业创新点。

第二节 我国污水排放标准与再生回用

我国污水处理取得了显著进展，拥有了世界上最大的废水处理能力，是名副其实的污水处理大国。对于我国污水处理规模而言，没有最大，只有更大的需求。污水处理厂要实现从"有没有"到"全不全"再到"好不好"的量变质变跃升，实现污水管网全覆盖、全收集、全处理，还有一段路要走。

一、我国污水排放标准演变

技术与标准互为作用。标准的产生推动技术的发展；技术的迭代促使标准升级。污水处理的各类排放标准和规范是执法的重要尺度和依据，也是污水处理工艺技术不断创新的外在驱动力。

"标准"作为一种通用的世界语言，在各行业国际标准中，欧美国家主导制定的标准占 93%，其他国家仅占 7%，我国所占份额屈指可数[1]。我国水质标准、污水排放标准中部分指标或制定思路照搬国外。例如，严格的总氮要求，让污水处理厂为达标"不择手段"，造成运行成本过高，或干脆不求达标，偷排了之。

我国《地表水环境质量评价办法（试行）》要求，地表水水质评价指标为《地表水环境质量标准》（GB 3838—2002）"表 1 地表水环境质量标准基本项目标准限值"24 项中除水温、总氮、粪大肠菌群以外的 21 项指标。水温、总氮、粪大肠菌群作为参考指标单独评价（河流总氮除外）。《中国生态环境质量报告》和《中国生态环境状况公报》中对地表水环境质量评价指标均不包括总

---

[1] 彭永臻. 应尽快遏制城市污水处理排放标准盲目提高至地表水质Ⅳ类或Ⅲ类的趋势 [J]. 中国给水排水，2019，35（8）：T1-T3。

氮。 以再生水作为农业灌溉用水、城市绿地灌溉用水、城市杂用、河道补给用水等时，严格的水体总氮指标只会起到事倍功半的效果。

有言道"得标准者得天下"，水质标准、污水排放标准犹如污水处理行业的"指挥棒"，因此，我国首先应完善和改进自己的标准，因地制宜、有序推进"一厂一策""一河一策"，不搞"一刀切""整齐划一"，允许制定适宜的地方标准。

当前我国的污水处理厂超标比较高，成为排污重点单位，原因是多方面的，既有运营管理不正常、运行经费不落实、管网建设不完善等建设、运营、管理方面的问题，也有污水处理工艺的优化选择和标准的制定执行问题。 同时由于我国绝大部分污水处理厂以延时曝气等高能耗工艺为代价实现污染物的削减与减排，又形成了"减排污染物、增排温室气体"的尴尬局面。

我国常规的城市污水处理厂二级生物处理工艺主要以去除耗氧有机物为主，以解决 BOD 问题为主，对氮和磷的去除效率较低。 2002 年以前建设的污水处理厂，设计时未考虑新标准中对氮、磷的去除要求，要对原有的二级生物处理进行改造，提高城市污水处理厂的脱氮除磷效果，从技术手段上看，需要增加反应容积或提高容积效率，采用多段 A/O、A^2/O、氧化沟、UCT（University of Capetown Technology）工艺、膜生物反应器、曝气生物滤池（Biological Aerated Filter，BAF）等工艺，配合初沉池污泥水解和回流污泥内源反硝化等措施强化生物脱氮除磷，或者增加混凝过滤工艺，对原有工艺环节进行集成改造。

不同时期的排放标准对工艺技术的要求不同。 在排放标准"指挥棒效应"阶段，我国污水处理工艺技术的选择、优化与排放标准密不可分。 标准是执法的重要尺度和依据。

2006 年，《城镇污水处理厂污染物排放标准》（GB 18918—2002）规定，将城镇污水处理厂出水排入国家和省确定的重点流域及湖泊、水库等封闭、半封闭水域时，由原来执行一级标准的 B 标准提高到执行一级标准的 A 标准。

2015 年水污染防治行动计划要求敏感区域（重点湖泊、重点水库、近岸海域汇水区域）城镇污水处理设施应于 2017 年年底前全面达到一级 A 排放标准；建成区水体水质达不到地表水 Ⅳ 类标准的城市，新建城镇污水处理设施要执行一级 A 排放标准。

《"十三五"全国城镇污水处理及再生利用设施建设规划》（2016—2020）要求，敏感区域（重点湖泊、重点水库及近岸海域汇水区域）的新建城镇污水处理设施，应按照水环境质量改善要求，选择脱氮除磷效果好的工艺技术，出水水质应达到相应的标准要求；建成区水体水质未达到地表水 Ⅳ 类标准的城市，新建污水处理设施出水水质应达到一级 A 排放标准或再生利用要求；现有污水处理设施未达到一级 A 排放标准的，均为提标改造对象。

2018 年，随着广东、浙江等地全面启动污水处理厂提标改造工作，集中式污水处理厂提标改造工程密集实施。 众多城镇污水处理厂在现有执行标准难以保证的情况下，又面临着提标改造风波。 如果不能充分利用原有设施、工艺，科学合理的设置目标，不仅带来资产的巨大浪费，还会因更高的环境质量要求导致刚建成就要改造，改造后出水水质仍难以达到预期要求。

污水处理厂提标改造是系统工程，涉及上下游、左右岸处理设施的建设，应基于厂网并举、管网优先保障，与水环境目标相融合，打造"网厂河"一体化排水系统、实现处理厂提质增效。

污水处理厂一级 A 提标改造工程伴随着工艺的组合、优化和再选择，没有一项技术可以一劳永逸满足所有控制指标。 目前我国城市污水处理厂多采用二级处理的生物处理工艺，以活性污泥法为主，其中多段 A/O 和 A^2/O 生物脱氮除磷工艺应用甚广。

我国幅员辽阔，东西南北各地区的环境、气候和生活习惯等差异很大，污水的水质、水量以及受纳水体的环境容量都不相同。 曲久辉院士指出，我国目前的污水处理工艺路线较为落后，不能有效应对城市生活污水水质复杂、水质水量变化无常的情况，导致污水处理厂经常出现排放超标的情况。

我国现阶段污水处理工艺趋于采用"最可行的技术"，以"整齐划一"的要求执行一级 A 排放标准存在较大问题，不能与满足流域水环境目标要求相协调，导致污水排到哪、哪污染。 提高污水处理厂排放标准是大势，但彭永臻院士提出，越来越多的地区城镇污水处理要达到《地表水环境质量标准》（GB 3838—2002）中Ⅳ类和Ⅲ类水质的过高要求，警醒"错标准将乱天下"，提出应该及时遏制盲目相互攀比趋势，呼吁因地制宜制订排放标准。

纵观历史，有关污水处理标准的争议在不同的年代、不同国家有不同的版本。 1912 年，英国皇家污水处理委员会提出以 BOD_5 来评价水质的污染程度，为达到排放标准，活性污泥法污水处理工艺诞生，挑战了"稀释是对付污染问题的良方"思维。 英国的排放标准不是"一刀切"，呈现复杂多样的特点。 排放标准是考虑排到每一条河、每一段受纳水体的水质标准，根据实际的水环境容量制定的。 具体指标为：BOD（生物化学需氧量）：5～40mg/L 或 50mg/L，去除率 75%；氨氮：1～10mg/L；总氮：8～15mg/L；总磷：0.25～2mg/L，去除率 80%；总铁：1～4mg/L；悬浮物：10～60mg/L；重金属：20～200μg/L（一般不要求）❶。

随着时间的推移，20世纪60年代，美国提出将污水处理标准提升至饮用水标准的超前思维，引发了争论的新版本：在确定合适的处理水平时，到底是应当以经济可行性为基础，还是以保护公众健康、实现水体健康为基础。而新加坡"NEWater"（新生水）的推广普及，刷新着行业发展观，似乎让饱受水资源匮乏、水污染之害的国家和地区看到了希望。

北京市《城镇污水处理厂水污染物排放标准》（DB11/890—2012）首次提出了污染物排放限值与地表水环境质量指标接轨的概念，要求排入地表水的主要污染物限值指标达到地表水Ⅳ类功能区水质标准。二次修订的《水污染物综合排放标准》（DB11/307—2013）强化了对有毒有害污染物的控制，要求直接排入地表水体的主要污染物排放限值分别达到地表水Ⅲ类和Ⅳ类功能区水质标准。我国城镇污水处理厂主要污染物排放标准变化与地表水环境质量标准见表3-3。

表3-3　我国城镇污水处理厂主要污染物排放标准变化与地表水环境质量标准

标　　准		COD	BOD_5	SS	NH_3-N	TP	TN	备注
《工业"三废"排放试行标准》（GB/J 4—1973）		100	60	500	—	—	—	作废
《污水综合排放标准》（GB 8978—1988）		120	30	30	—	—	—	作废
《污水综合排放标准》（GB 8978—1996）	三级	500	—	—	—	—	—	有效
	二级	120	30	30	25	1.0	—	
	一级	60	20	20	15	0.5	—	
《城镇污水处理厂污染物排放标准》[a]（GB 18918—2002）	三级	120	60	50	—	5	—	有效
	二级	100	30	30	25（30）	3	—	
	一级B	60	20	20	8（15）	1.0	20	
	一级A	50	10	10	5（8）	0.5	15	
《地表水环境质量标准》（GB 3838—2002）	Ⅴ类	40	10	—	2.0	0.4	2.0	有效
	Ⅳ类	30	6	—	1.5	0.3	1.5	
	Ⅲ类	15	4	—	1.0	0.2	1.0	

---

❶　杨共.追求科学系统化管理的英国排水与污水处理.国际环保在线＞水务＞城乡污水.2018年4月20日 https://www.huanbao-world.com/a/shizheng/13575.html.

标　　准		COD	BOD₅	SS	NH₃-N	TP	TN	备注
《城镇污水处理厂 水污染物排放标准》[b] （DB11/890—2012）	B标准	30	6	5	1.5（2.5）	1.0	20	北京市 地方 标准
	A标准	20	4	5	1.0（1.5）	0.5	15	
《水污染物综合排放标准》[b] （DB11/307—2013）	B排放限值	30	6	10	1.5（2.5）	0.3	15	
	A排放限值	20	4	5	1.0（1.5）	0.2	10	
《贾鲁河流域水污染物 排放标准》[a] （DB41/908—2014）	其他地区 排放限值	50	10	10	5	0.5	15	河南省 地方 标准
	郑州市区 排放限值	40	10	10	3	0.5	15	
	特别排放 限值	30	6	5	1.5（2.5）	0.3	15	

a　括号外数值为水温＞12℃时的控制指标，括号内数值为水温≤12℃时的控制指标。

b　12月1日至次年3月31日执行括号内排放限值。

中国环境科学院夏青认为，提高排放标准不是治本之策。 正确的排放标准一定是处在水污染治理的大系统决策中，反映国家技术经济可行性，促进多种环境管理手段并用。 必须反对任意加严排放标准限值，搞一个特别限值去抢占环评、规划、特别是排污许可证的执法空间；更反对用特别加严的"一刀切"国家标准去否定地方标准和排污许可证精细化管理的必要性。 排放标准最重要的任务是研究各类污染物最佳处理实用技术和可行技术是什么，并针对国家治污方略提出不同的治污达标基本水平作为底线，研究适用于中国污水无害化、资源化、能源化的技术。

20 世纪 80 年代前后，我国建设的城镇污水处理厂受到建设资金不足等因素制约，大部分处理工艺采用以去除悬浮物为核心的简单一级处理；20 世纪 80 年代中期，为了减少水中 BOD 等有机物引起的水质黑臭，开始推行污水二级生物处理；20 世纪 90 年代以后，城市水环境改善的需求日益提高，江河湖泊亟须控制氮磷污染以减轻水体富营养化，城镇污水处理生物除磷脱氮工艺开始得到推广应用。 城镇污水处理工艺技术的不断提高，进而提升了城镇污水处理的发展理念，从"达标排放与水污染控制"上升为"污水再生利用与水生态恢复"。

进入 21 世纪，《城镇污水处理厂污染物排放标准》（GB 18918—2002）的颁布和实施，进一步提升了城镇污水处理要求，明确了将一级 A 标准作为污水回用的基本条件，城镇污水处理开始从"达标排放"向"再生利用"转变。

二、我国污水再生利用

我国的城市污水再生利用是指以设市城市和建制镇排入城市污水系统的污水为再生水源，经再生工艺净化处理后，达到可用的水质标准，通过管道输送或现场使用方式予以利用的全过程。

（一）污水再生利用标准和规范

污水再生利用不仅是缓解区域水资源短缺的有效途径，也能有效减轻污水排放对生态环境的压力。为此，我国建立了一系列有关再生水水质和工程设计的标准规范，相关国家标准和规范见表3-4。

表3-4 我国城市污水再生利用标准和规范

名称及标准号	主要内容	主要指标*/(mg/L)					
		BOD_5	SS	TDS	NH_3-N	TN	TP
《城市污水再生利用分类》（GB/T 18919—2002）	分农林牧渔业用水，城市杂用水，工业用水，环境用水，补充水源水5类	—	—	—	—	—	—
《城市污水再生利用城市杂用水水质》（GB/T 18920—2020》	适用于冲厕、车辆冲洗、城市绿化、道路清扫、消防、建筑施工等杂用的再生水。水质要求13项基本控制项目和2项选择性控制项目	≤10	—	≤1000	≤5	—	—
《城市污水再生利用景观环境用水水质》（GB/T 18921—2019）	适用于河道类、湖泊类、水景类的观赏性和娱乐性景观环境用水。水质要求10项，并符合GB 18918规定	≤6	—	—	≤3	≤10	≤0.3
《城市污水再生利用工业用水水质》（GB/T 19923—2005）	用水范围包括冷却用水、洗涤用水、锅炉用水、工艺用水、产品用水等。水质要求20项基本控制项目外，其化学毒理学指标还应符合GB 18918中7项"部分一类污染物"和22项"选择性控制项目"的各项指标限值	≤60	≤30	≤1000	≤10	—	≤1

名称及标准号	主要内容	主要指标*/(mg/L)					
		BOD₅	SS	TDS	NH₃-N	TN	TP
《城市污水再生利用农田灌溉用水水质》（GB 20922—2007）	适用于纤维作物、旱地谷物、油料作物、水田谷物、露地蔬菜等农田灌溉作物类型。水质要求 19 项基本控制项目和 9 项选择控制项目	≤40	≤60	≤1000	—	—	—
《城市污水再生利用绿地灌溉水质》（GB/T 25499—2010）	对公众开放的绿地，如公园、居民区及校园绿地等非限制性绿地完全；限制公众进入的绿地，如高速公路绿化隔离带、墓地等限制性绿地。水质要求 12 项基本控制项目和 22 项选择控制项目	≤20	—	≤1000	≤20	—	
《污水再生利用　工程设计规范》（GB/T 50335—2002）	适用于以农业用水、工业用水、城镇杂用水、景观环境用水等目标的新建、扩建和改建的污水再生利用工程设计	水质符合国家现行的污水再生利用水质标准					

* 　此处指标均按较严格指标列出；TDS 为 Total Dissolved Solid，即溶解性总固体。

　　城镇污水再生利用是我国《“十二五”全国城镇污水处理及再生利用设施建设规划》（国办发〔2012〕24 号）任务之一，是推动城镇节水减排、改善人居环境的重要途径。2012 年，住房和城乡建设部组织编制了《城镇污水再生利用技术指南（试行）》，适用于城镇集中型污水处理再生利用技术方案选择，涵盖城镇污水从收集、处理到再生利用全过程的管理，指导城镇污水再生利用的规划以及设施的建设、运行、维护及管理，将再生水的主要用途分为工业、景观环境、绿地灌溉、农田灌溉、城市杂用和地下水回灌 6 类。

　　城市污水再生利用系统一般由污水收集、二级处理、深度处理、再生水输配、用户用水管理等部分组成。城市污水再生处理基本工艺有二级处理＋消毒、二级处理＋过滤＋消毒、二级处理＋混凝＋沉淀（澄清、气浮）＋过滤＋消毒、二级处理＋微孔过滤＋消毒等。

　　再生水在许多地区已成为城市"第二水源"，广泛用于工业冷却、园林绿化、道路浇洒、景观用水、河道生态补水等，促进了城镇污水再生处理技术设备产品的国产化，推动了西北、华北、东北缺水地区的城市污水再生利用，节约了大量水资源的同时，有效缓解了城市水资源短缺，实现了污染物源头减排。

（二）污水再生利用水质修订

在大力推进生态文明建设、贯彻"节约优先、保护优先、自然恢复为主"的政策方针指导下，污水再生利用水质标准的修订对促进水资源可持续利用与保护、推动城市污水资源化利用和污染物减排、提升城乡人居环境和水生态环境质量、推进再生水利用的常态化等方面将发挥指导和引领作用。

2015 年城市黑臭水体整治、海绵城市建设、城市"双修"（生态修复、城市修补）试点，2019 年农村黑臭水体治理等都将继续加大景观环境用水需求。《水污染防治行动计划》（国发〔2015〕17 号）明确生态景观等用水，要优先使用再生水；城市和农村黑臭水体整治，活水循环、清水补给及生态修复、水质长效维持均涉及景观水环境对再生水的利用需求。

《城市污水再生利用　景观环境用水水质》（GB/T 18921—2019）替代《城市污水再生利用　景观环境用水水质》（GB/T 18921—2002），协调了 2002 年编制期间城市污水再生利用水质系列标准、《城镇污水处理厂污染物排放标准》（GB 18918—2002）、《地表水环境质量标准》（GB 3838—2002）等存在的衔接不一致问题。鉴于我国水质实情和研究现状，提高了再生利用水的氮磷标准；不对目前国际上比较关注的具有一定健康风险和生态环境风险的内分泌干扰物（EDCs）、药品和个人护理品（PPCPs）等新兴微量污染物进行规定，但纳入跟踪监测建议中，鼓励再生水用户根据实际情况跟踪监测这类污染物，以便积累相关数据资料，为未来标准的完善修订、地方标准的制定等提供依据。

《城市污水再生利用 城市杂用水水质》（GB/T 18920—2020）替代 GB/T 18920—2002，增加了水质指标项目，调整了部分用水类别的部分水质指标值等。

我国景观环境用水水质与其他国家标准比较见表 3-5。

用于农田灌溉是污水最早、最大的用途，在我国应用由来已久，但由于选址不当、出水水质控制不严，出现了严重的土壤、农作物、地下水污染现象。2014 年，我国首次调查的 55 个污水灌溉区中，有 39 个存在土壤污染。在 1378 个土壤点位中，超标点位占 26.4%，主要污染物为镉、砷和多环芳烃[❶]。2018 年颁布的《中华人民共和国土壤污染防治法》要求地方人民政府农业农村、林业草原主管部门应当会同生态环境、自然资源主管部门对"作为或者曾作为污水灌溉区的"农用地地块进行重点监测；建设和运行污水集中处理设施、固体废

---

❶ 环境保护部，国土资源部.《全国土壤污染状况调查公报》[R]，2014。

表 3-5　中国和其他国家景观用水水质限值 [1]

国家	再生水利用分类		pH值	主要控制指标											化学毒理学指标
				BOD₅/(mg/L)	TSS/SS	浊度/NTU	色度/倍	NH₃-N/(mg/L)	TN/(mg/L)	TP/(mg/L)	石油类/(mg/L)	阴离子表面活性剂/(mg/L)	微生物	余氯/(mg/L)	
中国	观赏性景观环境用水	河道类	6.0~9.0	≤10	—	≤10	≤20	≤5	≤15	≤0.5	—	—	粪大肠菌群≤1000个/L	—	没有单独另行规定，执行GB 18918
		湖泊类		≤6		≤5	≤20	≤3	≤10	≤0.3	—	—	粪大肠菌群≤1000个/L	—	
		水景类		≤6		≤5	≤20	≤3	≤10	≤0.3	—	—	粪大肠菌群≤1000个/L	—	
	娱乐性景观环境用水	河道类		≤10		≤10	≤20	≤3	≤15	≤0.5	—	—	粪大肠菌群≤1000个/L	—	
		湖泊类		≤6		≤5	≤20	≤3	≤10	≤0.3	—	—	粪大肠菌群≤1000个/L	—	
		水景类		≤6		≤5	≤20	≤3	≤10	≤0.3	—	—	粪大肠菌群≤3个/L	0.05~0.1	
	景观湿地环境用水			≤10		≤10	≤20	≤5	≤15	≤0.5	—	—	粪大肠菌群≤1000个/L	—	
美国	非限制性蓄水		6~9	≤10		<2							100mL检测不出粪大肠菌群	1	没有明确规定
	限制性蓄水		6~9	≤30	≤30								粪大肠菌群2000个/L	1	
	环境用水		6~9	≤30	≤30								粪大肠菌群2000个/L	1	没有明确规定
日本	景观用水		5.8~8.6			<2	≤40						大肠菌群1000CFU/100mL		没有明确规定

① 郝兴芳、郑兴灿、申世峰，等. 谈《城市污水再生利用 景观环境用水水质》国家标准的修订 [J]. 给水排水，2020，46（1）：45-50。

续表

国家	再生水利用分类	主要控制指标											化学毒理学指标
		pH值	BOD5/(mg/L)	TSS/SS/(mg/L)	浊度/NTU	色度/倍	NH3-N/(mg/L)	TN/(mg/L)	TP/(mg/L)	石油类/(mg/L)	阴离子表面活性剂/(mg/L)	微生物	余氯/(mg/L)	
日本	亲水性用水	5.8~8.6			≤2	≤10						大肠菌群不得检出	游离余氯 0.1mg/L，结合余氯 0.4mg/L以上	没有明确规定
澳大利亚	市政（非饮用型）：不限制公众接触	6~9	<10	<5	<2							大肠杆菌<10/100mL	1	没有明确规定
澳大利亚	市政（非饮用型）：限制公众接触	6~9	<20	<30								大肠杆菌<1000/100mL		
欧盟	娱乐性蓄水、溪流（洗浴）[允许公众接触除外]	6.0~9.5	10~20	10~20			≤1.5		0.2~1		0.5~1.0	10000<总细菌数<100000CFU/mL，菌群<10000CFU/mL	0.05	对砷、铜等金属、三卤甲烷、农药、五氯苯酚等有毒物质、内分泌活性物质等都有规定
欧盟	娱乐性蓄水溪流（不允许公众接触）											总细菌数<10000CFU/mL，200<类大肠菌群<10000CFU/mL		
以色列	河流	7.0~8.5	≤10	≤10			≤1.5	≤10	≤0.2		0.5	粪大肠菌群<2000个/L		对砷、铜等金属、氯化物、碳化合物有规定

物处置设施，应当依照法律法规和相关标准的要求，采取措施防止土壤污染。

2016 年，《中共中央国务院关于进一步加强城市规划建设管理工作的若干意见》指出，到 2020 年，地级以上城市建成区力争实现污水全收集、全处理，缺水城市再生水利用率达到 20％以上；以中水洁厕为突破口，不断提高污水利用率；新建住房和单体建筑面积超过一定规模的新建公共建筑应当安装中水设施，老旧住房也应当逐步实施中水利用改造；培育以经营中水业务为主的水务公司，合理形成中水回用价格，鼓励按市场化方式经营中水；城市工业生产、道路清扫、车辆冲洗、绿化浇灌、生态景观等生产和生态用水要优先使用中水。

《国务院关于印发"十三五"生态环境保护规划的通知》（国发〔2016〕65号）提出，到 2020 年，实现缺水城市再生水利用率达到 20％以上，京津冀区域达到 30％以上。

治水理念或价值是污水处理的点金石，具有化腐朽为神奇的力量。 我国污水处理取得了显著成绩，但也存在诸多雨污、农村环境等问题，生态文明建设需要大力推行"节水优先、空间均衡、系统治理、两手发力"的治水理念，强化系统思维的顶层设计，综合生产、生活、生态发展，全盘考虑农村、农业面源污染，加强城乡深度融合，强化城镇污水处理厂生物除磷、脱氮工艺，实施畜禽养殖业总磷、总氮与化学需氧量、氨氮协同控制，加快推进以环境质量、绿色低碳、节能友好为导向的污水处理厂的建设，制定、选择因地制宜、一厂一策、与水环境质量相协调的排放标准和处理工艺，让水真正"质本洁来还洁去"，让水系活起来、动起来。

第三节　我国的典型污水处理厂

我国城镇污水处理事业起步晚，发展快，处理能力跃升世界第一。 截至 2019 年，全国 31 个省（直辖市、自治区）的最大规模污水处理厂处理规模由 18 万 m^3/d 提高至 280 万 m^3/d，工艺以生物脱氮除磷 A^2/O 为主。 回顾中华人民共和国第一批污水处理厂，即西安市第一污水处理厂（邓家村污水处理厂）和北京高碑店污水处理厂，了解一些标志性的处理厂，如曾经全国第一的天津的纪庄子污水处理厂和亚洲最大的上海白龙港污水处理厂等的发展历程、基本情况具有一定实践意义和启示。

一、新中国第一批污水处理厂

中华人民共和国建设的第一批较大污水处理厂主要在西安市和北京市。 西安市邓家村污水处理厂即西安市第一污水处理厂，是全国建设较早的污水处理厂之一，坐落于西安城西邓家村，是我国"一五"（1953—1957）期间投资建设的最大的一座污水处理厂❶，1956 年开工，1958 年建成投运，2008 年由西安创业水务有限公司商业运营。经 1963 年、1976 年、1999 年、2014 年 4 次改扩建后，占地面积 163 亩❷。目前，处理能力 12 万 m^3/d，处理深度为三级处理，位于莲湖区大兴西路 19 号，服务区面积为 41.68km^2，主要接纳西安市环城西路以西、三桥皂河以东、大环河以北部分工厂的工业废水和近 100 万居民的生活污水。污水处理采用"多段多级 AO 除磷脱氮＋混凝沉淀过滤"工艺，污泥处理采用"重力浓缩＋机械脱水"工艺，除臭处理采用"CYYF 城镇污水厂全过程除臭"工艺，出水水质满足《城镇污水处理厂污染物排放标准》（GB 18918—2002）中的一级 A 排放标准，处理系统高效稳定运行。

北京市高碑店污水处理厂位于北京市朝阳区高碑店乡境内，主要接纳北京市南部地区的大部分生活污水、东郊工业区、使馆区和化工路的全部污水。服务面积为 96km^2，服务人口 240 万，是北京市建设的第一座大型城市污水处理厂。前身是 1960 年在北京郊区高碑店村建成的 25 万 m^3/d、为农田灌溉服务、临时性的初级污水处理厂，设计单位是北京市市政设计研究院。1993 年、1999 年二级生物处理一期工程 50 万 m^3/d 和二期工程 50 万 m^3/d 分别建成运行，设计出水水质执行《污水综合排放标准》（GB 8978—1996）二级标准，2002 年由北京城市排水集团有限责任公司商业经营。高碑店污水处理厂升级改造工程于 2013 年开工建设，2016 年 7 月投入试运行，高碑店现有 100 万 m^3/d，设施升级改造后出水水质达到《城镇污水处理厂污染物排放标准》（GB 18918—2002）一级 B 标准，新建深度处理再生水厂规模 100 万 m^3/d，再生水深度处理采用"反硝化生物池＋超滤膜"工艺，最终出水水质主要指标达到《地表水环境质量标准》（GB 3838—2002）Ⅳ类水质标准，一举成为国内规模最大的再生水厂。

二、天津和上海标志性污水处理厂

天津纪庄子污水处理厂（现为津沽污水处理厂）是由华北市政总院设计的我国第一座大型二级处理厂，开创了中国城市市政污水规模化集中处理的先河。1984 年，天津市纪庄子污水处理厂建成投产，处理规模为 26 万 m^3/d，主要承担天津市纪庄子排水系统的工业废水和生活污水的处理，服务面积为 37.7km^2，

---

❶ 中华人民共和国生态环境部，第二批开放设施单位名录。

❷ 1 亩≈666.67m^2。

服务人口 108 万。处理工艺为活性污泥法，建设初期出水供农业灌溉，后按《污水综合排放标准》（GB 8978—1996）二级标准排放。2012 年升级改造，规模达到 45 万 m^3/d，出水达到《城镇污水处理厂污染物排放标准》（GB 18918—2002）一级 B 标准；2015 年关闭迁建，更名为天津津沽污水处理厂，出水执行《城镇污水处理厂污染物排放标准》（GB 18918—2002）一级 A 标准；提标改造目标是天津市《城镇污水处理厂污染物排放标准》（DB 12/599—2015）A 标准，主要出水指标达到《地表水环境质量标准》（GB 3838—2002）Ⅳ类水质标准。天津创业环保集团股份有限公司商业经营，同时，该厂周边还建成了再生水厂和污泥处理厂，实现了高等级再生水的利用和污泥的资源化、能源化。

上海是我国现代污水处理的肇始之地，拥有亚洲最大、世界第四的污水处理厂——白龙港污水处理厂，设计单位是上海市政工程设计研究总院，位于浦东新区合庆镇朝阳村，主要承担闵行、徐汇、黄浦以及浦东沿线地区的污水处理，服务面积为 271.7km²，服务人口 356 万。白龙港污水处理厂始建于 1999 年，初建时是一座规模 120 万 m^3/d 的预处理厂，污水经粗细格栅、沉砂池，去除垃圾悬浮物和砂子后排入长江。历经多次改扩建，2004 年建成的 120 万 m^3/d 一级强化处理设施，2008 年建成 200 万 m^3/d 二级排放标准处理设施，2013 年建成 80 万 m^3/d 一级 B 出水标准的处理设施，污水处理量占上海市中心城区污水总量的三分之一。为响应 2015 年《水污染防治行动计划》号召，白龙港污水处理厂提标改造和污泥二期工程 2018 年开工，2019 年年底完成，出水执行《城镇污水处理厂污染物排放标准》（GB 18918—2002）一级 A 标准，新增规模为 50 万 m^3/d 的一级 A 全流程全地下污水处理厂，规模为 20 万 m^3/d 的生物处理设施和深度处理设施及配套设施等，出水处理规模达到 350 万 m^3/d。

可以看到，由于处理工艺、生产规模、厂区选址、排放标准等影响因素，这些污水处理厂都经历了不断扩建、改造，甚至关闭迁建的过程，间隔时间 5 年左右，排水标准日趋严格。鉴于我国水环境状况与环境保护目标还存在相当大的差距，水污染控制任务依然艰巨。高排放标准的要求使污水处理工艺更加复杂，需要快速的监测技术、更精准的控制技术和系统化的自动化管理，以保证出水水质的稳定达标。在新一轮如火如荼的提标改造建设中，2019 年住房和城乡建设部、生态环境部、国家发展改革委联合印发《城镇污水处理提质增效三年行动方案（2019—2021 年）》，如何科学规划设计污水处理厂的场址、规模、工艺、执行标准，同时兼顾提质增效，是对污水处理行业的治水理念、治理水平的巨大考验。

/本 章 小 结/

　　看得到过去多远，就能看得到未来多远。 污水处理事业能够让我们重现审视自己的所作所为，回望过去，总结现在，洞悉未来。 我国是名副其实的污水处理大国，却非强国，"知不足，然后能自反也；知困，然后能自强也。"对我国下一代水厂的畅想和构建，应该在立足我国国情和当地自身需要的基础上，进行系统梳理、勇敢探索和实践示范。 以中国污水处理概念厂四个追求为目标，立足县域，广阔天地大有作为，成熟一个建设一个，实现从 0 到 1 的突破，在世界水务市场上发出中国声音。

第二部分

他山之石助我攻玉

HIS STONES HELP ME TO ATTACK JADE

夫耳闻之，不如目见之；

目见之，不如足践之。

——汉·刘向《说苑·政理》

第四章

现代污水处理之始——英国

英国作为世界最先开展河流污染治理的国家，也是活性污泥法处理工艺的发明者和践行者，堪称世界现代污水处理的鼻祖。

第一节　污 水 处 理 历 史

英国是世界上最先开展工业化、城市化的国家。河流两岸，工厂林立，经济发展成就瞩目，但以牺牲大气和水环境为代价的经济发展模式，导致英国河流污染严重，环境公害触目惊心。英国城市污水处理厂历经数百年变迁，从最初的预处理、一级处理发展到现在的三级处理，从简单的消毒沉淀到有机物去除、脱氮除磷再到深度处理回用，在立法治污的保障下，英国的河流污染得到遏制，河水洁净成为现实。

一、基本概况

英国是大不列颠及北爱尔兰联合王国（United Kingdom of Great Britain and

Northern Ireland）的通称，也称联合王国（United Kingdom）。 位于欧洲大陆西北面的不列颠群岛，被北海、英吉利海峡、凯尔特海、爱尔兰海和大西洋包围。 国土面积为 24.41 万 km²（包括内陆水域），其中英格兰地区面积为 13.04 万 km²，苏格兰面积为 7.88 万 km²，威尔士面积为 2.08 万 km²，北爱尔兰面积为 1.41 万 km²[1]。 截至 2018 年，英国人口 6644 万。 英国国土面积和我国广西壮族自治区面积（陆地面积 23.76 万 km²，海域面积约 4 万 km²，2018 年人口 5659 万）相当。

英国的污水处理规模是以服务人口来计的，污水设计负荷以每人每日 60g BOD、150g COD、80g 悬浮物、8g 氨氮、11g 总凯氏氮、2.5g 总磷计。

截至 2017 年，英国拥有 35 万 km 的下水道，排水服务率 99%，日处理规模 1100 万 t 污水，基本实现全覆盖服务[2]。 国内分布式小型、极小型污水处理设施较多，污水处理厂 9000 多座，全部实现污水二级处理，污泥基本上全部得到厌氧消化或更高级利用。

二、活性污泥法的诞生

回顾过去 200 年，抽水马桶、下水道系统和污水处理工艺构成了整个污水处理历史上的三大基石。 抽水马桶的发明，开辟了集中化的污水排放方式，同时也为改善人类健康做出了巨大的贡献；但是随着下水道系统的充分发展，流行病也随之扩散泛滥，威胁人类生命健康。 为抵御流行病的侵害，工业废水和城市生活污水中的有机物去除成为重点。

20 世纪初，人类发现了活性污泥技术，正式开启了污水处理的大门。 生物滤池技术迅速在欧洲北美等国家推广，标志现代城市污水处理的开始。 技术的发展，推动了标准的产生。 1908 年，英国污水处理皇家委员会提出衡量污染程度的综合指标 BOD，并制定了测试方法[3]。 1912 年，针对河流污染治理的需要，英国污水处理皇家委员会颁布了著名的"30:20（SS 30mg/L:BOD 20mg/L）+完全硝化"的污水处理排放标准，以沉淀池和生物滤池技术为主的污水处理技术无法实现该标准，创新污水治理技术成为当时技术专家的首要任务。

---

[1] 外交部，英国国家概况（最近更新时间：2019 年 12 月）https://www.fmprc.gov.cn/web/gjhdq_676201/gj_676203/oz_678770/1206_679906/1206x0_679908/。

[2] 杨共．追求科学系统化管理的英国排水与污水处理［EB/OL］．国际环保在线＞水务＞城乡污水．2018 年 4 月 20 日 https://www.huanbao-world.com/a/shizheng/13575.html。

[3] 王洪臣．百年活性污泥法：改良与替代［EB/OL］．2020 年 5 月 6 日．http://wenku.baidu.com/view/0f758583b8f67c1cfbd6b80f.html。

当时，英国曼彻斯特大学的马德拉（Madera）❶和吉尔伯特·福勒（Gilbert Fowler）两位污水处理专家，经常一起讨论污水处理新技术，他们一致认为向污水中曝气的技术可行，可使污水变清。活性污泥法的贡献者们见图4-1。

图4-1 活性污泥法的贡献者福勒和阿尔登、洛基特
（图中左为福勒，右图后排左一为阿尔登，前排右一为洛基特）

国际水污染研究与控制协会、国际水质协会、国际水协会

为促进国际水污染控制信息的合作与交流、缓解水污染状况、加强水资源管理，全世界范围内开展了大量研究，1961年，一批科学家与工程师聚会伦敦，成立了一个专门的组织中心。在国际有影响的团体和研究机构的支持下，中心于1962年9月在伦敦首次举办了"国际水污染研究"会议，会议取得了巨大的成功，来自32个国家的60多名代表出席了大会。会议期间成立了国际筹划指导委员会，负责贯彻执行会议精神。1964年在东京成功地举办了第二次大会，有43个国家的近70名代表出席了大会。随着筹划指导委员会工作的开展，产生了建立一个新的国际协会的想法并起草了一份章程，这份章

---

❶ 马德拉（Madera），国际水污染研究与控制协会IAWPRC奠基人之一。

程在 1965 年 6 月 26 日英国哈罗盖特举办的"水污染控制"年会上获得了正式通过，标志着国际水污染研究与控制协会（International Association on Water Pollution Research and Control，IAWPRC）诞生。

成立于 1965 年的国际水污染研究与控制协会，1992 年 5 月更名为国际水质协会（International Association on Water Quality，IAWQ）；1999 年，国际水质协会与成立于 1947 年的国际供水协会（International Water Supply Association，IASA）合并为国际水协会（International Water Association，IWA）。

国际水协会，也称"国际水协"，是全球水环境领域的最高学术组织，拥有数万名会员，是世界水大会的主办方之一。协会目的：提高对水的综合管理，保证为公众提供安全供水和足够的卫生设施。协会任务：召集世界范围内饮用水、污水、再生水和雨水领域顶级水行业专家，进行实用技术研究开发、政策咨询、项目管理等工作，致力于为全球水行业独创出革新、实用和可持续的解决水危机和水需求的方法提供帮助。

协会每年在世界各地组织和举办水管理和水技术的各类大会和研讨交流会，每两年组织召开一次世界水大会。每年定期举办的技术前沿会议，分别是水资源可持续利用前沿技术会议、给排水处理技术前沿会议、水务资产管理前沿会议，作为对世界水大会内容的补充。

来源：①元国江. 国际水污染研究与控制协会（IAWPRC）简介［J］. 河海科技进展，1994，（4）：91-95

②中国知网 百科，世界水协会

1912 年，　美国马萨诸塞州 Lawrence（劳伦斯）　试验站❶的克拉克（Clark）和盖奇（Gage）在玻璃瓶里进行污水实验时发现对污水长时间曝气，玻璃瓶里会出现污泥，水质有明显改善。　进一步实验发现，将那些没有洗干净而附着有污泥的瓶子用做污水曝气实验，可以缩短污水处理时间，污水处理效果更好。他们称这种自己生长的污泥为"活性污泥"（Activated Sludge）❷。　活性污泥是由细菌、真菌、原生动物和后生动物等各种生物和金属氢氧化物等无机物所形成的污泥状的絮凝物，具有良好的吸附、絮凝、生物氧化和生物合成性能。

----

❶　劳伦斯 Lawrence 试验站成立于 1887 年的美国马萨诸塞州，是世界上第一个研究污水处理的试验站。

❷　陈玲. 污水处理厂与城市可持续发展［EB/OL］. 2014. https：//wenku. baidu. com/view/b69113d66-529647d272852f2. html。

1912 年，福勒到美国参观正在进行市政污水曝气试验的马萨诸塞州 Lawrence（劳伦斯）试验站，发现这个试验站的污水数周可变清。福勒回到英国后，建议自己的学生、正在曼彻斯特市的 Davyhulme（戴维汉姆）污水处理厂做实验的工程师爱德华·阿尔登（Edward Arden）和威廉·洛基特（Wlliam T. Lokett）进行污水曝气试验[1]。随后阿尔登和洛基特做了大量试验，处理一批污水的时间由 6 周缩短至 3 周、再缩短至 24h 之内，具备了生产应用的可行性。之后，两人迅速在一架四轮马车上进行了中试，先是序批式（sequencing batch reactor，SBR），后又单独设立了沉淀单元、回流等环节，最终形成了今天仍大量使用的传统活性污泥法。

1914 年 4 月 3 日，阿尔登和洛基特在英国皇家化学工程学会上宣读了论文 *Experiments on the oxidation of sewage without the aid of filters*（《无需滤池的污水氧化试验》），活性污泥法正式诞生。同年曼彻斯特市的 Davyhulme（戴维汉姆）污水处理厂进行工艺改造，1916 年，世界上第一座活性污泥法污水处理厂建成。活性污泥法奠定了未来 100 年间城市污水处理技术的基础。

第二节　泰晤士河的恢复

泰晤士河（River Thames）是英国伦敦的母亲河，被英国人尊称为"泰晤士老爹"。作为英国最具人文色彩的河流，"泰晤士老爹"流淌的污秽与死亡记录了英国曾经辉煌背后的惊人代价。英国人为整治泰晤士河，历经一个多世纪，如今的泰晤士河被认为是世界上流经城市水质最好的河流。泰晤士河的治理成为"先污染后治理"的经典案例。

一、治理简介

泰晤士河横贯英国，全长约 346km，为英格兰最长河流，全英国第二长河流，也是全世界水面交通最繁忙的都市河流和伦敦地标之一。泰晤士河流域面积 13100km²，占英国国土面积的 5.4%；沿岸除伦敦外，还有牛津、雷丁和温莎等许多城市，是全国经济发达地区，人口占全国的 1/5。

泰晤士河是伦敦的主要水源，占总供水的 2/3。直到 18 世纪，泰晤士河水

---

[1]　Giusy Lofrano a，Jeanette Brown. Wastewater management through the ages：A history of mankind [J]．Science of the Total Environment，2010，408（22）：5254 - 5264。

产丰富、野禽成群、风景如画，是著名的鲑鱼产地。19世纪初，泰晤士河还是河水清澈，碧波荡漾，水中鱼虾成群，河面飞鸟翱翔。但随着工业革命的兴起以及两岸人口的激增，每天排放的大量工业废水和生活污水使泰晤士河迅速变得污浊不堪，水质严重恶化。

伦敦从一个只有几千人的小镇发展成为一个国际性大都市经历了近1000年，而从17世纪中期到19世纪中期，伦敦人口从400万增至675万，在这个庞大的人口基数面前，小问题也可能因为过于集中而扎堆聚积，一旦越过临界值，"火山爆发"便不可避免❶。城市污水的巨大不良影响在工业集聚化发展和城市人口迅猛激增的双重压力下达到极致。肮脏的河水还成为沿岸疾病流行的罪魁祸首，1849—1954年，滨河地区约25000人死于霍乱。泰晤士河整个流域的大规模污染主要由工业化引起人类活动增加所致，且随着社会发展，污染的类型和分布不断变化。

20世纪50年代，合成洗涤剂的广泛使用导致附着在水体表面的污染物难以被降解，泰晤士河的污染进一步恶化，生态环境不断退化。河水溶解氧（dissolved oxygen，DO）近乎为零，河水污染严重，除少数鳝鱼外，其他鱼类几乎绝迹。甚至发生了1951年英国国庆期间，停靠在泰晤士河码头船体的镀层被污水腐蚀而变黑的事件，造成了恶劣的国际影响。

从19世纪中期开始，泰晤士河污染所导致的严重后果，迫使英国政府与社会对泰晤士河开展了长达100多年的治污历程。英国自20世纪20年代开始大范围建设污水处理厂，到20世纪中期，仅泰晤士河流域就建立了190多个污水处理厂。

20世纪60年代初，英国政府决心全面治理泰晤士河。首先是通过立法，严格控制向泰晤士河直接排放工业废水和生活污水的行为。有关当局重建和延长了伦敦下水道系统，为治理水污染，伦敦先后建设污水处理厂450多座，形成了完整的城市污水处理系统，每天去除污水近43万 m^3。

经过20多年不间断的艰苦治理，1983年8月31日，一位名叫拉塞尔·多伊格的伦敦垂钓者从泰晤士河中钓到了一条鲑鱼，标志着泰晤士河在因污染死寂了150年之后又再次复生了。

如今流经伦敦的泰晤士河已由一条死河、臭河变成了世界上最洁净的城市水道之一，河流水质已恢复到17世纪的原貌，达到饮用水水源地的水质标准。鱼类绝迹百年后，已有115种鱼和350种无脊椎动物重返泰晤士河繁衍生息。

---

❶　威廉·卡弗特.雾都伦敦：现代早期城市的能源与环境［M］.王庆奖，苏前辉，译.北京：社会科学文献出版社，2019。

　　泰晤士河畔有议会大厦、伦敦塔等众多历史名胜，英国在全面整治泰晤士河的同时也特别注意保护和有序开发其旅游资源。乘船游河已成为伦敦主要的观光项目之一。风光优美的南岸还特别开辟了全长 1.6km 的滨河小道，禁止汽车通行，专供百姓散步健身。2000 年泰晤士河南岸的"伦敦眼"观光摩天大转轮投入运行、废弃发电站改建的泰特现代艺术馆开馆，使泰晤士河变得愈加美丽，见图 4-2。

图 4-2　泰晤士河边的"伦敦眼"和泰特现代艺术馆

　　泰晤士河治理大致分为三个阶段。1852 年第五届大都市排污委员会任命约瑟夫·巴扎盖特（Joseph Bazalgette）为总工程师，委托其设计隔离式下水排污系统规划方案，这是泰晤士河开始治理的标志性事件。第一阶段是 1852—1891 年的转移污染阶段。南北岸两大排污下水道系统 1875 年建成投入使用，未经处理的污水通过设在贝肯顿（Beckton）和克罗斯内斯（Crossness）的两个排污口直接排入泰晤士河下游。为减少入河污染物负荷量，采用化学沉淀法（石灰和铁盐）的贝肯顿（Beckton）污水处理厂和克罗斯内斯（Crossness）污水处理厂分别于 1889 年和 1891 年完工，这是污水处理的开始。第一阶段基本奠定了泰晤士河水污染治理"隔离排污、终端处理"的百年规划理念。庞大的排污下水道系统至今仍发挥着作用，影响深远。

　　进入 20 世纪，随着伦敦人口激增，泰晤士河水质迅速恶化，20 世纪 40 年代开始使用微生物不能分解的合成清洁剂，它们覆盖在水面上，降低水面的通风性，加重河水污染。泰晤士河长达 30km 的感潮河段完全缺氧，美丽的泰晤士河变成了一条死河。泰晤士河治理的第二阶段开始，即 1955—1975 年的流域修复阶段，地方分散管理转向流域统一管理，主要是将治理范围由点到面，扩展到了全流域，采取"统一管理、系统治理"理念对泰晤士河进行全流域治理和生态系统的全面修复。英国对河段实施统一管理，把泰晤士河划分成 10 个区域，

200 多个管水单位合并建成一个新的水务管理局——泰晤士河水务管理局。 重新布局流域各类下水和污水处理设施，将伦敦地区 190 多个小型污水处理厂合并成十几个较大的污水处理厂，对原来采用化学沉淀法的贝肯顿（Beckton）和克罗斯内斯（Crossness）污水处理厂进行现代化升级改造和技术革新，以二级处理工艺为主的新型贝肯顿（Beckton）和克罗斯内斯（Crossness）污水处理厂分别于 1959 年和 1963 年相继建成，随后又进行了技术改良，增加处理氨氮等工艺。 两家污水处理厂成为欧洲当时最先进的污水处理厂，每天去除的污水占当时大伦敦区 700 万人口排放污水的一半以上，每年由专门的船队从两大蓄污池运走 500 万 t 以上的污泥倒入北海。 河流水质明显改善，迁徙的鱼也开始出现，1974 年秋天，来自美国西弗吉尼亚州的一条鲑鱼，被放入泰晤士河，标志着泰晤士河的第二阶段治理取得显著效果。

第三阶段是 1975 年至今的监测巩固阶段。 鲑鱼只有在水中溶解氧的饱和率达到 35％以上才能成活，因此，鲑鱼成了人们检验河流水质清洁程度的一种关键生物指标。 政府不断投资对全流域污水处理设施、多要素水质监测技术进行改造和更新换代，严密监督两岸工矿企业单位的排放行为和严格控制工业污水、固废、大气的排放标准，实施生态净化。

污染不是孤立存在的现象。 治理环境污染是一场全民化的运动，需要上层设计，提供法律保障，更需要政府、企业、社会公众的全民参与。 英国泰晤士河水环境治理战役中，没有谁可以置身事外，每个人的一小步，都可能是取得环境改善胜利的一大步。 泰晤士河在 120 多年的治理中形成的立法治理、政府监管和公众参与等方面的经验值得我们深刻思考和谨慎借鉴。

二、立法治理

在治理环境污染问题上， 英国对世界的经验和贡献是将污染问题纳入到法律体制解决， 颁布了英国乃至世界上第一部河流污染防治法， 以及一系列控制和防止河流水污染的法案、 法律， 充分发挥了法律的强制性功能。

没有统一的集权立法曾使英国河流污染防治阻碍重重。 1388 年， 英格兰议会通过对向城市、 乡镇、 农村周围的沟渠、 河流倾倒垃圾的人处以 20 英镑的严厉罚款举措治理河流污染， 但由于没有立法， 收效甚微， 泰晤士河的支流弗利特河 （Fleet） 在 16 世纪时已臭不可闻❶。 18 世纪 50 年代开始的工业

---

❶ 克拉普. 工业革命以来的英国环境史 ［M］. 王黎，译. 北京：中国环境科学出版社，2011。

革命在创造前所未有的生产力和巨大财富的同时，导致河流环境空前恶化。 特别是 19 世纪人口的增长和工业化、城市化发展，英国主要河流受到了污染的危险。

19 世纪中后期，英国日益严峻的河流污染问题引起了社会的强烈反应。 为有效控制和缓解污染带来的水环境危机，恢复河流生态系统，英国议会开始制定相关法律，尝试扎紧水污染治理的笼子。 泰晤士河污染治理的主要法律依据有联合王国公共一般法（UK Public General Acts）、联合王国地方法（UK Local Acts）和联合王国法定文件（UK Statutory Instruments）等❶。 本书根据时间序列，主要介绍几部为泰晤士河污染治理和生态恢复提供了法律依据的联合王国公共一般法。

《1845 年河道法》（*Canal Carriers Act 1845*）和《1847 年河道法》［*Canal （Carriers） Act 1847*］❷规定，禁止污染任何作为公共供水水源的河流、水库、供水系统的管道及其他部分，授权卫生管理机构对没有实施供水防污措施的机构切断供水。

英国历史上第一部综合性的公共卫生法案《1848 年公共卫生法》（*Public Health Act 1848*），以及《1875 年公共卫生法》（*Public Health Act 1875*）、《1878 年公共卫生（水）法》［*Public Health （Water） Act 1878*］共同要求地方当局集中处理污水和废弃物，建议但非强制性规定适当征收工业废水处理费用。 1890 年、1907 年、1925 年、1936 年、1937 年、1945 年、1961 年、1984年陆续修订《公共卫生法》，在公共卫生状况改善的前提下，对水资源供应、污水的排放和处理均起到了积极的促进作用。

《1855 年大都市管理法》（*Metropolis Management Act 1855*）规定，成立大都市工务局（the Metropolitan Board of Works），全面负责英国的房屋和供水、排水系统的建设与管理。 联合王国地方法《1879 年大都市（泰晤士河洪水预防）管理法修正案》［*Metropolis Management （Thames River Prevention of Floods） Amendment Act 1879*］特别规定限制污水排入泰晤士河。

《1852 年大都市水法》（*Metropolis Water Act 1852*）和《1871 年大都市水法》（*Metropolis Water Act 1871*）为抑制疾病流行，确保大都市及其周边地区持续、稳定、干净、健康的供水，规定了取水口范围。

1876 年颁布的《河流污染防治法》（*Rivers Pollution Prevention Act*）是英

---

❶　曹可亮. 泰晤士河污染治理立法及其对我国的启示［J］. 人大研究，2019（9）：46 - 51。

❷　http：//www. legislation. gov. uk/ukpga/Vict/10 - 11/94/section/1.？ view＝extent。

国立法机构试图解决河流污染难题的初次尝试，通过引入刑事责任和"最佳可行手段"（best practicable means），使污染控制更具灵活性。 这部法案不仅成为英国历史上第一部防治河流污染的国家立法，同时也是世界历史上第一部关于河流污染治理的法案。 规定禁止任何人将固体废弃物及垃圾扔进河流；禁止把大量未经处理的有毒、有害或能造成污染的工业废水排放到河流中等。 1900年所有配有洗煤设施的煤矿都安装了沉淀槽和过滤器等防止污染的措施[1]。 虽然该法案不鼓励起诉任何违规者，但在被《1951年河流污染防治法》［Rivers（Prevention of Pollution）Act 1951］替代前，仍然被认为是一部重要的单行法案和纲领性方案。 为了保护和恢复河流及其他水域的健康，《1951年河流污染防治法》和《1961年河流污染防治法》［Rivers（Prevention of Pollution）Act 1961］实行排污许可制度，规定任何未经许可工业和生活排放行为均属违法，是英国治理水污染非常重要的法律。

《1974年污染控制法》（Control of Pollution Act 1974）施行，第二部分"水污染（Pollution of water）"包括整个内陆地面水、地下水和沿海水域污染的控制措施。 该法取代1951年和1961年《河流污染防治法》，同时废止了《1951年河流污染防治法》和《1961年河流污染防治法》。《1974年污染控制法》是集废弃物、水污染、空气污染、噪声污染等一体的综合性法典，作为英国污染控制的基本法，开创了英国环境立法的新纪元，与《1989年河流污染控制法（修正案）》［Control of Pollution（Amendment）Act 1989］以及增加了污染预防功能的《1999年污染预防和控制法》（Pollution Prevention and Control Act 1999）一起实施，效果显著。

《1945年水法》（Water Act 1945）是英国制定的第一部较为综合性的水法，汇集了英国早期的立法，提出了一套较为完整的水工程规则。 经1973年、1981年、1983年、1989年、2003年、2014年修正、调整和更新，形成了强调水资源可持续利用的管理理念，确定了流域统一管理与地方配合的水资源管理新体制。

《1963年水资源法》（Water Resources Act 1963）、《1991年水资源法》（Water Resources Act 1991）、《1991年水工业法》（Water Industry Act 1991）、《1999年水工业法》（Water Industry Act 1999）及《2010年洪水和水资源管理法》（Flood and Water Management Act 2010）对英国河流管理、水业监管进行了规定。

---

[1] 克拉普. 工业革命以来的英国环境史［M］. 王黎，译. 北京：中国环境科学出版社，2011.

英国自 19 世纪中期以来，立改废释的系列涉水法律，通过控制、预防、管理、监督等手段，层层递进，为实现河流健康的生态环境、恢复河流近自然状态起到了保驾护航的作用。

三、政府监管

泰晤士河污染的跨世纪治理，在很长时间内，一直是地方自治城市中的工厂主和受影响社区之间进行着的自发行动，直到 19 世纪 60 年代才提上国家的议事日程。 面对公共资源的悲剧，英国政府承担了相应的社会公共责任，发挥了政府这只"看得见的手"的干预和强制性监管的重要性。 工业革命改变了人类社会的生产生活方式、社会经济关系乃至基本社会结构，是人类历史上的重大事件。 从某种程度上讲，代表着自由与竞争、启蒙运动和古典经济学的工业革命是率先打破先前商业革命时代的特权与垄断、宗教改革和重商主义的自发孕育。

19 世纪中叶，英国盛行古典经济学之父亚当·斯密的经济自由主义原则，极力强调政治自由，推崇地方自治，反对政府行使行政干预和公共事务管理职能。 英国人将"自由放任"思想奉为经济生活的金科玉律，人们在社会事务中偏爱地方管理，反感中央权威，认为政府应该取消人们在政治和经济事务上的限制，深信市场这只"看不见的手"会自然而然地调节和推动社会经济的发展，对工业革命带来的工业中心城市人口膨胀、环境污染和公共卫生等非经济问题关注较少，鼓吹经济活动中的自由竞争能够解决这些社会问题。

英国人一度还以"煤火和高烟囱已经成为英国的独特制度"为自豪，认为环境污染是工业发展必须接受的副产品。 工厂主以成本上升和利润下降将使政府收入减少为由抵制政府的环境治理政策，信奉亚当·斯密自由市场经济的英国政府不愿触动企业界的利益，社会以追逐财富、谋求利润为价值取向，对"污染"漠不关心。

在依赖自然资源发展经济的体系下，过分强调经济效益势必影响生态环境，河流污染也不能幸免。 为保护地方经济发展，对河流污染问题视而不见，使河流环境严重恶化。 企业间自发组织、通过协议处理污染是不太可能从根本上解决问题的。 这是因为河流污染治理与生俱来的公益性和所需资源的宏观性决定的。 事实表明，如果不是出于公共健康的考虑或工厂强势群体的意愿，单从美学和生态学角度据理论证，是很难说服当地政府或工厂去控制河流污染的[1]。

---

[1]　克拉普. 工业革命以来的英国环境史［M］. 王黎，译. 北京：中国环境科学出版社，2011。

英国长期以来盛行的地方自治传统与环境公害治理的中央集权化诉求不相适应，"无利可图"的污染治理触及到保守派的传统权力和切身利益。 控制污染意味着会减缓经济发展，这是英国不愿看到的❶。

《1848 年卫生法》的颁布和施行是英国加强中央集权的一个关键步骤，代表了国家由自由放任向干预社会事务的转变。《1848 年卫生法》规定，凡新建房屋、住宅，必须辟有建厕所、安装抽水马桶和存放垃圾的地方；赋予英格兰和威尔士的地方当局按税率征收资金建设排水和供水系统的权力；设立专门的机构负责公共卫生工作。 同年，议会批准成立卫生总会，发起公共卫生运动，负责清理城市卫生。

自《1848 年大都市排污法》（ the Metropolitan Sewers Act of 1848 ）规定成立"大都市排污委员会"，至 1855 年间，共产生了六届大都市排污委员会（ the Metropolitan Sewers Commission ），对伦敦进行了详细的地理测量，为下水管网的设计规划提供了翔实的材料。

1855 年，根据《1855 年大都市管理法》成立的负责伦敦市政工程建设的"大都市工务局"，最突出的业绩是在首席工程师巴扎盖特主持下，建成大规模的排污系统改造工程，该排污系统导致流入泰晤士河的污水激增，加剧了泰晤士河的污染。 1858 年夏季，泰晤士河"大恶臭"（ the Great Stink ）的"疯狂报复"让英国政府开始认真考虑河流污染治理问题。

在 1865 年和 1868 年，议会两次成立皇家（上院）调查委员会，关注全国的河流污染。 被任命的人中有长期城市排水工程建设经验的土木工程师、农业化学家、皇家学会院士等技术专家以及代表各种利益和意见的人士，他们根据听取大量的口述证词进行调查，做实验并发布一些"让人倍感不快"的报告。 另一个专门负责污水处理的上院调查委员会，1898—1915 年共发布 10 份调查报告。但是河流污染程度没有减轻。

在经历了不同利益集团之争、地方与地方之争、自由放任还是国家干预理念之争后，英国开始打破行政区划界线，对河流实施统一管理、流域管理。 1970年，英国转变管理模式，成立环境部（Department of Environment），2001 年，重组合并成立环境、食品和农村事务部（Department for Environment, Food and Rural Affairs），是负责统一领导、协调城乡规划、公共建筑、交通运输、土地规划与利用、污染防治与环境保护工作的最高行政机构，其主要目标是保护

---

❶ 汪烽.工业革命以来英国城市河流污染及其防治措施研究［J］.赤峰学院学报（汉文哲学社会科学版），2015，36（12）：76－78。

和改善环境，促进可持续发展。

1974 年，按《1963 年水资源法》（*Water Resources Act 1963*）和《1973 年水法》（*Water Act 1973*）要求，被赋予流域管理权力的泰晤士河水务局（the Thames Water Authority）成立，取代了原来 200 多个分散的有关机构管理的业务，对流域内的水资源、供水、排水、污水处理、防洪、航运、渔业、水上娱乐、水质监控等事业实行统一管理。泰晤士河水务局作为由法律授权的、具有很大自主权的、自负盈亏（防洪和排水由政府投资）的公共事业组织，对流域内所有取用水实行许可证制度和收费制度。流域治理产生了立竿见影的效果。这种大胆的体制改革被欧洲称为"水工业管理体制上的一次重大革命"。

1978 年成立泰晤士河鲑鱼回归工作组，制定了为期 17 年（1979—1995）分三阶段实行的鲑鱼回归计划。

1989 年成立国家河流管理局（National Rivers Authority），具有各流域水务局原来的水管理职能，在实现河流的可持续开发战略中扮演着决定性作用。各流域水务局转制为水务公司，从事供排水业务。泰晤士河水务公司（Thames Water）在国家河流管理局的统一管理下有序进行泰晤士流域的可持续开发。"政府"逐渐发挥"市场"在资源配置中的关键性作用，采取"使用者支付"和"污染者付费"等经济管理手段，双手发力，扩大资本市场活跃空间。

泰晤士河恢复以后，为进一步净化河流水体，国家河流管理局 1995 年编制了《21 世纪泰晤士河流域规划和可持续开发战略》（*Thames 21 - A Planning Perspective and A Sustainable Strategy for the Thames region*）。同年，将泰晤士河上 4 个废弃的水库改造成占地 105 英亩的伦敦湿地中心（London Wetland Center），2000 年建成开放，是世界上第一个建在大都市的湿地公园，全面提升了泰晤士河的景观品质。

从泰晤士河流域的治理经验来看，政府从指导思想上由原来被动的自由放任转变为在法律的前提下进行积极主动的干预，并建立起统一的管理机构和监督机制，是治理的前提；一个强有力的具有综合决策和协调手段的流域管理机构是整治流域水污染的基本条件。

四、公众参与

水是公共产品，与生产发展、生活富裕、生态良好息息相关。排放污水垃圾的工厂以牺牲环境为沉重代价追求最大化的经济利益，不可能主动承担社会责任；崇尚城市自治的议会政府为"自由"放弃强制干预，幻想施害者自发解决问题。 市场失灵导致水环境污染问题不能有效解决，人们期望政府出面干预，当政府失灵后，水环境污染治理亟须社会力量加入，发挥公众参与监督作用，与政府、市场同向同力治理污染。 事实证明，水污染治理、水环境保护仅有立法严惩、政府干预是不够的，还必须促进公众参与，让公众看见、相信，有信心。

英国对河流污染的控制始于社会公众对以水为载体的流行疾病的关注。 19世纪中后期，受河流污染之苦的民众自发组织起来，成立各种协会，定期开会讨论河流污染的相关问题，发布报告和成果，产生了广泛的社会影响。 英国公共卫生领域著名的活动家埃德温·查德威克（Edwin Chadwick）于1842年发布《关于英国劳动人口的卫生状况调查报告》（*On an Inquiry into the Sanitary Conditions of the Labouring Population of Great Britain*），采用多种方法获取的大量数据表明，糟糕的排水系统、不洁净供水、过于拥挤的住房等与疾病、高死亡率以及低寿命的密切联系，形成了一个公众舆论支持污水系统排放的有力证据。 1857年成立的国家社会科学促进会、1874年的皇家艺术协会以及其他民众的自发协会，多次将会议议题聚焦河流污染，一致认为，只有强制性的法律才会产生明显的作用，要求进一步促进英国政府采取及时、有效的措施治理河流污染。

如果说19世纪的民众参与是泛起的涟漪，是星星之火，唤醒了公众参与环保的意识；那么20世纪70年代开始的现代环境保护运动，可以说是环境管理领域公众参与的大规模兴起，并发挥了真正的燎原作用。 公民参与环境事务决策权和环境知情权、环境诉讼权作为环境权的重要组成内容，是英国公民的基本权利。

20世纪60年代，英国政府投资5000多万美元，对位于两大下水系统末端的克罗斯内斯和贝肯顿污水处理厂进行现代化的改造，升级改造后的贝肯顿污水处理厂是当时欧洲最大的污水处理厂，所处理的废水量与泰晤士河最大的支流麦德威河相当，日处理量可达273万 m^3。

1987年，英国公众参与环保社团人员达到1亿人，环保组织相对完善，突破了精英社团的局限，表现出大众主义的特征，环保社团范围不断扩大，不再局限于地区、全国的联合，逐步与国际接轨，运动形式具有多样性和灵活性[1]。英国成为拥有世界上历史最悠久、组织最完善、民众广泛参与的环保组织的国家。

---

[1]　崔财周，张若群. 英国环境治理的公众参与探究 [J]. 求知导刊，2017 (5)：159 – 160。

英国严格执行 2000 年《欧盟水框架指令》（*Water Framework Directives*）（WFD）规定的信息提供、公众咨询和积极参与 3 种公众参与的主要形式。　政府依照《1988 年环境和安全信息法》（*Environment and Safety Information Act 1988*）、《2000 年信息自由法》（*Freedom of Information Act 2000*）保证做到向公众提供河流、湖泊等背景信息；必须通过召开咨询会、听证会等方式向公众介绍流域开发计划、实施措施等，搜集公众的建议和意见；鼓励公众积极参与规划的制定及其实施过程，甚至参与最终的决策。

例如，为解决伦敦下水道每遇暴风雨就积水泛滥、污染河流的问题，2007 年，英国政府采用"泰晤士深层隧道"方案，升级、改造、完善维多利亚时期（1837—1901 年）的下水道系统。　2010 年英国环境署用简单明了、非专业术语的方式提供公民信息，介绍拟建设的伦敦地下排水系统项目。　并通过 2010 年夏天和 2011 年夏天两轮公众咨询，对排水隧道的设计进行了修改、优化，2012 年提交最终设计方案。　2013 年开工建设，预计 2020 年完工❶。　在建项目的泰晤士河潮路隧道路线将沿路线收集伦敦中部河流中排出的污水，与在建项目 LEE 隧道连接后，流入贝克顿污水处理厂按要求处理排放。　隧道建成运营后，可收集伦敦泰晤士河流域 97％的污水，提升泰晤士河的水体环境。

英国公众参与水管理机制完善。　每一个区域都有消费者协会，由地方行政人员和一般民众代表组成，对水务公司提供的服务进行监督，参与水务管理。一些环保组织建议学校将课堂搬到泰晤士河上，向学生讲述河流的历史，加强人们自觉保护泰晤士河的意识。　滨河公园和开放性广场设置宣传教育内容，强调岸滩阶地建筑的生态价值，以图解形式说明不同种类动植物的栖息特点，增强生物多样性教育，使伦敦市民了解、欣赏并爱护泰晤士河。

英国在依法治理、政府干预、公众参与以及产业科研等多方面积累的泰晤士河治理经验，可为我国江河污染治理和生态修复提供借鉴。　但也要认识到公众参与是一种新的治理理念，一定要有耐心，久久为功。　人类唯有时刻提高警惕，设立并牢牢守住污染侵入社会毛细血管的诸多红线，才有望避免悲剧重演。

---

❶ 刘博晓 . 公众参与帮助英国解决了难题——访英国环境署水资源公众参与专家马丁·格里菲斯[J]. 环境教育，2015（11）：42 - 43。

第五章

世界污水处理之强——美国

美国污水处理的历史与英国"先污染后治理"的发展模式相似，先是经济发展造成了环境的工业污染，而后才开始进行艰难的环境治理。美国在水污染控制方面成效显著，污水处理技术、规模和标准取得了良好的社会、经济、生态环境效应，是目前世界污水处理综合实力最强的国家。

第一节 污水处理历史

一、基本概况

美国是美利坚合众国（The United States of America）的简称，国土面积为937万 km²，海岸线长 22680km。2019 年，美国人口 3.282 亿。

1776 年独立的美国，其污水处理历史可以追溯到 1887 年马萨诸塞州建成的美国第一套间歇砂滤池处理装置。经过 100 多年的发展，到 20 世纪 80 年代，美国成为世界上拥有污水处理厂最多的国家，平均 5000 人一座污水处理厂，建厂速率 209 个 / 年❶。 截至 2017 年，美国有集中式污水处理设施 14780 座，6 座设计处理能力超 100 万 m³/d 的超大型污水处理厂，已建 130 万英里❷的污水管网，服务人口 2.3 亿人，污水处理能力近 2 亿 m³/d。 美国环境保护署（USEPA）预计到 2032 年，将新增 5600 万用户，污水处理设施还会有 23% 的增长❸。

二、水质管理

美国的水质管理始于 19 世纪美国新兴工业城市的公共健康保护。 1842 年，英国人埃德温·查德威克（Edwin Chadwick）发表的《关于英国劳动人口的卫生状况调查报告》对美国的公众健康事业同样产生了巨大影响，去除废物、净化污水、建立供水系统和改进下水道系统被认为是当时改善城市卫生状况、预防疾病流行的最好办法。 19 世纪后半叶，细菌学研究的科学突破为防控疾病提供了很大帮助，纽约和波士顿开始进行公共卫生工程研究。 1850 年前后，美国在以东海岸为主的马萨诸塞州诸城市的带动下，展开较大规模的污水处理实践。

现代卫生技术的出现以及人类废水排放前的收集和处理是过去两个世纪最重要的公共卫生进步。 美国污水处理以 20 世纪 70 年代为分水岭，可分为公共卫生工程时期（1800—1970 年）和环境工程时期（1970 年至今）。 每一个时期又都经历着多个阶段，见图 5-1。

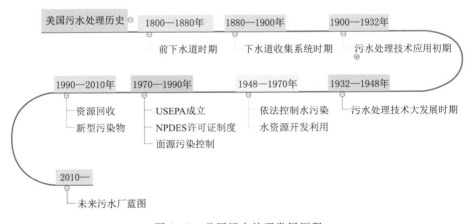

图 5-1　美国污水处理发展历程

---

❶　杨宝林. 20 世纪城市污水处理厂回顾：发展与现状［C］. 中国水污染防治技术装备论文集，2000，(6)：93-99。

❷　1 英里 =1.609344km。

❸　A Recap of the 2017 ASCE Infrastructure Report Card，https：//www.cleaner.com/online_exclusives/2018/11/a-recap-of-the-2017-asce-infrastructure-report-card_sc_00126。

1800—1880 年的前下水道时期（Presewer Period），居民以当地的池塘、河流、积蓄雨水等为地表饮用水源，或者掘井汲取地下水为饮用水源，日人均用水量 3～5 加仑❶。 人们用"污水池-室外厕所"（cesspool - privy vault）形式储存粪污，家庭生活污水和垃圾通常被直接倾倒在地面、街道阴沟里、枯井或渗漏的砖石砌污水池中，人体排泄物储存室外厕所中。 不得已清理的粪污被随意倒进附近的河流或运到农场作肥料。 这种方式主要依赖于个人、家庭或者政府雇用的掏粪工顺其自然的消极处置，造成附近的生活饮用水、工业用水水源污染，地表水、地下水水质恶化，经由水传播的传染性病菌在污染水中滋生蔓延，18 世纪末的黄热病传播和 19 世纪初的霍乱、伤寒、疟疾等传染病肆虐❷，远距离管道输水成为刚需。

19 世纪，美国大多数城市没有下水道，只有纽约、波士顿等个别大城市建有公共和私人排水管网，主要用于移除自然暴雨径流而非人为排放生活、工业废水。 随着城市扩张、人口增长和供水系统普及，自来水厂成为商业投资热点，便利的供水系统刺激城镇生活用水量猛增。 自 1802 年美国首座自来水厂在费城建成使用，1860 年，纽约、波士顿、底特律、辛辛那提等 16 个大城市拥有 136 套供水系统，至 1880 年，上百个城镇建有供水系统 598 套，日人均用水量达到 150 加仑左右❸。 现代供水设施的普及标志着高耗水量时代的来临。 然而，少有城市建设专门去除污水的管网。

管道输水、供水系统的建设始于 1833 年的冲水马桶、洗澡间等固定用水设施的规模化安装，生活污水排放量日益增加，原来临时雇用劳动力掏挖粪污池的处理方式已经远远不能满足需要。 未经处理的污水直接排放到容量很小的污水池、街道阴沟或私自接入雨水管网排入河流，污水溢出的横流现象随处可见。 "眼不见心不烦"的处理方式加剧了城市公共健康危害和卫生隐患。

19 世纪后期，污水已经认为是疾病传染的主要载体之一，而水传染性疾病的大范围传播迫使市政官员寻求新的有效途径来解决生活污水和工业废水问题。 同时期如火如荼的英国伦敦泰晤士河两岸的下水道系统建设和水冲污水技术（water - carriage technology of waste removal）的应用对美国污水管网建设

---

❶ 1 美制加仑（us gallon）＝3.7854118 升（L）。

❷ 庄有文. 拯救生命之源——美国城市水污染治理研究（1850—1900 年）[D]. 天津：南开大学，2008.

❸ Joe A. Tarr，et al. Water and Wastes：A Retrospective Assessment of Wastewater Technology in the United States [J]. Technology and Culture，1984，25（2）：226 - 263.

影响巨大，强制性要求美国工程师们以英国及欧洲下水道建造技术为参考标准，规划城市污水管网。 城市下水道系统被誉为城市的生命线，它的广泛建立标志着城市在污水处理技术上取得突破。

应运而生的水冲污水技术带来的污水管网模式较之前的"污水池-室外厕所"系统具有两个鲜明特征，首先，它是资本密集型，非劳动力密集型的系统；其次，它成为市政部门的职能而非私人责任。 排污技术的进步也使污水管网建设成为商业投资的另一个热点。 水冲污水系统，仍属于无下水道时期的模式，不过在处理污水问题上有所进展，表现为"化粪池-土壤吸收系统"的现场污水处理分散式处理模式。

1880—1900 年，美国下水道系统建设飞速发展，进入下水道收集系统时期。 几乎所有城市均放弃了"污水池-室外厕所"收运系统，着手建造下水道系统。"流水不腐"、"河流具有自净能力"的观点是污水不经处理直接排放的主要理论支持。 这一时期，无论是下水道系统的大规模建造还是政府立法的进步，都有着实质性和突破性的进展。

自 19 世纪 50 年代开始，一些城市陆续建设了雨污合流制的下水道系统。有记录可查的 1890 年，超过 25000 人口的城市中建有污水管网 6005 英里，1909年发展到超 30000 人口的城市中有污水管网 24972 英里，从每英里负荷人口1832 人提高到每英里负荷人口 825 人，其中 74％是合流制管网，21％是分流制管网，5％为单独雨水管网。

水冲污水系统让上游城市的粪污快速、全面地冲向下游城市，严重的外部性影响是初建者始料不及的。 1880—1900 年期间，建设有收集未经处理污水管网的亚特兰大、匹兹堡、特伦顿和托莱多等市，也经历了传染病死亡率升高的噩梦❶。

由于对公共健康的关注，州政府和市政府开始诉诸立法解决水污染问题。马萨诸塞州可谓美国水污染控制的滥觞，1869 年成立的马萨诸塞州卫生局是第一家负责水污染控制的州机构，主要负责水传播疾病的控制；1878 年马萨诸塞州制定了第一部水资源保护法；1886 年制定了一部内陆水清洁水法。 同年，纽约市制定要求下水道和排污计划呈报给州卫生部门的相关法律。 1893 年，俄亥俄州也通过一部类似法律。 由于资金缺乏和强制执行程序的种种限制，这些法律没有得到有效执行。 但是，在法律作为依靠的前提下，州法院在审理关于水

---

❶　Joe A. Tarr, et al. Water and Wastes: A Retrospective Assessment of Wastewater Technology in the United States [J]. Technology and Culture，1984，25（2）：226 - 263.

污染问题的案件时态度更加强硬、严厉。 1880—1905 年审理的案件中，法院通常坚持认为，上游沿河地带的居民和工厂将污水排放进河流，如果构成公害且违反下游居民和工厂的使用权，上游用户应当向下游用户赔偿损失。

20 世纪初，在法院、工商业阶层以及公众的努力下，城市政府迫于压力，为避免法律责任，最终决定建立集中式污水处理厂。

1900—1932 年为技术处理初期。 1900 年，美国开始采用确保市政供用水安全的取水口过滤技术和污水末端处理的排放技术。 马萨诸塞州的劳伦斯试验站和肯塔基州路易斯维尔试验站关于慢速砂滤和机械过滤等污水净化技术的研究成果，加快了美国内陆城市污水处理厂建设的速度，1911 年开始采用氯消毒法，可以经济、高效的保障饮用水的供应能力，1914 年在英国诞生的活性污泥法工艺陆续在美国付诸实践，均有效降低了伤寒和其他传染病的死亡率。

然而，采用氯消毒法和普遍认为天然水体才是污水最适当的受体这两个因素阻碍了污水处理工艺的推广。 此外，河流上游是否应该考虑下游城市公众健康问题和政府财政限制，市政部门和卫生部门有关供水污染的选择是过滤供水、污水处理排放以保护自己和下游城市的供水，还是只过滤供水、污水不处理排放的争论，从 1905 年持续到 1914 年。 直到 20 世纪 30 年代，反对城市建立污水处理系统的意见仍占上风，可以从表 5 - 1 中美国享受水处理服务、污水管网和污水处理服务的人口统计数字中看出。

表 5 - 1　　美国 1880—1940 年供水处理服务和污水处理服务人口统计❶　　单位:人

年份	总人口	城市人口	供水处理	污水管网	污水处理
1880	50155783	14129735	30000	9500000	5000
1890	62947714	22106265	310000	16100000	100000
1900	75994575	30159921	1860000	24500000	1000000
1910	91972266	41998932	13264140	34700000	4455117
1920	105710620	54157973	—	47500000	9500000
1930	122775046	68954823	46059000*	60000000	18000000
1940	131669275	74423702	74308000	70506000	40618000

* 1932 年数据。

由表 5 - 1 可见，1930 年，城市只为不到 30％的城市人口提供了污水处理设

---

❶　Joe A. Tarr, et al. Water and Wastes: A Retrospective Assessment of Wastewater Technology in the United States [J]. Technology and Culture，1984，25 (2)：226 - 263。

施服务，远远满足不了维持或恢复河流和水道"原始、自然纯净状态"的需求。

随着工艺技术体现资本密集型的特征和水污染控制要求超越行政边界、呼吁流域综合治理等特性越发凸显，1932—1948 年间，议会就联邦政府是否应该在污水处理问题上承担一定的责任进行了广泛讨论，推动了 1932—1972 年污水处理设施、联邦立法、水质标准的发展和应用。

1935 年，美国 1310 座污水处理厂主要进行生活污水处理。 大部分州依旧未对工业废水进行处理，河流水质改善效果甚微。 第二次世界大战（1939—1945 年）后，美国通过恢复重建，工业经济再次飞速发展，水体继续成为工厂的排污去向，开始出现有毒化学品污染，工业废水处理和生活污水处理设施得到快速增长。 处理规模超 100 万 m³/d 的芝加哥 Stickney（斯蒂克尼）污水处理厂、Detroit（底特律）污水处理厂、华盛顿 Blue Plains 污水处理厂、洛杉矶 Hyperion（亥伯龙）污水处理厂等 4 座超大型污水处理厂均在此期间运行和升级，至今还发挥着重要作用。

1948 年以前，水污染控制呈现分散式管理的特点。 美国州政府起主导作用，联邦政府不参与环境保护，基本没有采取什么措施。 1948 年，《水污染控制法》（*Water pollution Control Act*）允许联邦政府在污染源所在地州政府的同意下对污染者采取行动；法案由美国公共卫生局（United States Public Health Service）执行，负责提供资金和技术支持，加强水质控制。 在接下来的几十年中，联邦政府为了限制水污染，对各州的干涉逐渐增加。

基于 1948 年法案的修改，1956 年颁布的《联邦水污染控制法》（*Federal Water Pollution Control Act*）（FWPCA）是联邦政府早期用于减少污染的基石性法律。 增加了对污染者的惩罚力度、为城市污水处理厂提供一定的建设补贴，以及用于控制、研究水污染和进行实践活动的基金。

20 世纪前叶，震惊世界的环境公害事件频发，蕾切尔·卡逊（Rachel Carson）于 1962 年出版的《寂静的春天》是第二次世界大战以来，对于经济发展无意带来的环境破坏，向公众发出严重警告的众多书籍之一。 现代环境保护运动蓄势待发。

1965 年，《水质法》（*Water Quality Act*）沿用了 1956 年 FWPCA 的一些规定，资金投入有所增加，实施基于水质的排放标准，要求各州确定水质标准以及达到此标准的具体实施计划。 如果排污者导致州际断面水质超标，赋予联邦政府对排污者提出诉讼的权利，由于很难提供某个污染源与其下游的水质超标有关的确凿证据，诉讼的权利没有被广泛使用。《水质法》规定各州限期出台水质标准，由于水质数据的缺乏和给定时间太短，难以实现，执行效果不理想。法案还将管理水质计划的职能从公共卫生局调整到联邦水污染控制管理局（Federal Water Pollution Control Administration）。

美国进入水污染事故高发期。 1948 年，密歇根州底特律和胭脂河因工业油污染导致约 11000 只鸭子死亡。 1952 年，俄亥俄州克利夫兰市中心附近的凯霍加河（Cuyahoga River）污染严重，水面几乎全被油污和铁锈覆盖，引发大火，1969 年发生二次自燃。 1969 年，加利福尼亚州圣巴巴拉海上油田发生石油泄漏事件，800 平方英里的海洋和海岸遭到污染。 民众要求联邦政府接管水环境保护的呼声空前高涨。 1969 年国会通过《国家环境政策法》（National Environmental Policy Act）（NEPA），首次提出环境保护目标。

20 世纪 60 年代，化粪池出水排入砂砾层地下排水沟还是美国郊区最常见的现场处理方法；城市开始系统关注废水处理，先后提出了二级处理和深度处理的理念。 联邦政府补贴使城市污水处理厂和收集污水管网的建设得到突飞猛进的发展，但以采用初级处理为主。

1970 年以前，美国 90% 以上的水域已经受到相当程度的污染，2/3 的河流和湖泊因污染而不适宜于游泳，其中的鱼类不适宜于食用。 随着公众环境保护意识的唤醒和雨后春笋般环境保护运动的开展，美国国内环境质量已经成为与经济增长、公共卫生同等重要的政治问题。

1970 年，美国环境保护署（Environmental Protection Agency）应运而生，重组已有部门的环境管理相关职能，继承了水质、大气质量和固体废物等管理人员和计划预算的权利。 1972 年 6 月 5 日，人类历史上第一次环境大会——联合国人类环境会议在瑞典斯德哥尔摩召开，全球环境事业开始列入各国议事日程。美国的水质管理、水污染控制翻开了新篇章。

1970—1990 年，在法律和工艺技术保障下，污水处理排放标准不断提高，市政污水处理和工业点源污染得到了有效控制。 联邦水环境保护工作步入成熟阶段，开始流域综合管理探索。

1972 年，《联邦水污染控制法修正案》（FWPCA Amendment）的［也称《清洁水法》（Clean Water Act）］❶目的是修复和维持"水资源的化学、物理和生物完整性"，将"1985 年消灭向可航行水域中排污的现象"作为国家目标，"可钓鱼和可游泳的水资源"是"暂时目标"，奠定了点源"国家污染物排

---

❶　US EPA. Summary of the Clean Water Act. https：//www. epa. gov/laws - regulations/summary - clean - water - act。

放削减系统"（National Pollutant Discharge Elimination system，NPDES）许可证制度基础。 1977年《清洁水法》修订，分别对有毒物质、常规污染物实施经济的最佳工艺（Best available technology economically achievable，BAT）和常规污染最佳控制工艺（Best conventional pollution control technology，BCT）要求。 1987年《清洁水法》修正案，又名《水质法》（Water Quality Act），根据当时美国水体污染的特点，强化了对面源污染的治理，设立了州面源管理项目（State Nonpoint Source Management Program）、国家河口项目（National Estuary Program），实行雨水NPDES许可证方案和TMDL（每日最大污染负荷总量，Total Maximum Daily Load）制度，提供最佳管理措施（Best Management Practices，BMP），规定有毒污染点控制，"州周转资金"（State Revolving Funds，SRFs）取代了执行30多年的污水处理厂建设补贴。

1974年，另一部对美国水环境保护极其重要的法律——《安全饮用水法》（*Safe Drinking Water Act*）（SDWA）颁布，旨在通过规范全国公共饮用水供应保护公众健康；授权美国环境保护署制订基于健康的饮用水国家标准，以防止水中可能存在的自然和人为污染物。《安全饮用水法》建立了地方、州、联邦合作的框架，要求所有饮用水标准、法规的建立必须以保证用户的饮用水安全为目标❶。 1986年和1996年进行了两次修订，目前美国实行的饮用水安全标准就是基于1996年修正案要求。

通过NPDES许可证等技术控制，点源污染控制取得了较大成果，但与水质标准要求还有一定差距。 1930年不到30%的城市人口享受污水处理服务，经过60年的发展，1970—1990年大约1280亿美元的投资也仅仅使超过50%的美国人享受了"二级处理"服务，其余人都是"初级处理"水平。 1980年，全美国约2000万个家庭使用独立的化粪池或污水池等污水处理系统，对地下水存在潜在危害和污染风险❷。

20世纪90年代开始，面源污染和复合型污染逐渐成为影响水环境质量的主要因素，流域系统治理成为共识。 而随着污水处理基础设施的老化、超负荷运行、极端天气频发和高水质排放标准的追求，以及财政压力，应对面源污染和复合型污染并没有显著有效的办法，实行流域一体化的点源、面源NPDES许可证

---

❶　US EPA. Understanding the Safe Drinking Water Act [R]. www. epa. gov/safewater. EPA 816 - F - 04 - 030 June 2004。

❷　［美］伦纳德·奥拓兰诺. 环境管理与影响评价 [M]. 郭怀成，梅凤乔，译. 北京：化学工业出版社，2003：502。

制度和 TMDL 的水质标准管制是一个实践证明比较有效的方法❶。 截至 2012 年 2 月，美国各州制定的 TMDL 计划数量已经达到 4 万多个，为改善水质发挥了重要作用❷。 以流域为对象，基于水环境容量和水质标准的一体化治理模式和手段对我国污染总量控制和水质目标改善的系统治理具有一定借鉴意义。

进入 21 世纪，美国大多数的污水处理厂和收集管网"老化"问题凸显，美国给水工程协会（American Water Works Association，AWWA）2012 年的一项研究显示，要想保持目前绝大多数社区的饮用水都是安全可靠的水平，预计到 2050 年至少要投资 1.7 万亿美元用于饮用水基础设施的维修和必要的扩建，不包括污水和雨水处理系统。 而老化的污水管网和收运能力不足，导致了大量未经处理的污水直接排放到河流和湖泊中。

美国土木工程师协会（American Society of Civil Engineers，ASCE）2013 年发布 *Failure to Act*：*Closing the Infrastructure Investment Gap for America's Economic Future* 报告，预计到 2020 年需要投资 840 亿美元用于更新或升级老的污水处理厂、管网维护和城市暴雨流量管理 3 个方面❸。 特别是暴雨径流方面的管理成为 20 世纪 90 年代以来联邦政府水污染控制的主战场，涉及 772 个城市雨污合流制管网的污水溢流管理或改建。

美国土木工程师协会自 1988 年起，每四年都会发布一份基础设施报告卡，对美国的基础设施类别以及整个国家的基础设施状况进行等级评价，其中优秀 A＝Exceptional；良好 B＝Good；中等 C＝Mediocre；差 D＝Poor；不及格 F＝Failing。 2017 年，美国基础设施总体成绩与 2013 年的 D^+ 持平。 废水处理基础设施由于处理能力、处理条件和暴雨径流管理等方面的改善，其等级从 2013 年的 D 提高到 2017 年的 D^+。 1988—2017 年美国废水处理设施等级见表 5-2。

表 5-2　　　　　　　　1988—2017 年美国废水处理基础设施等级

类别	2017 年	2013 年	2009 年	2005 年	2001 年	1998 年	1988 年
总体基础设施	D^+	D^+	D	D	D^+	D	C^-
废水处理基础设施	D^+	D	D^-	D^-	D	D^+	

注　数据来源：http://www.infrastructurereportcard.org/。

20 世纪 60 年代，美国用于运营、维护、升级、新建基础设施建设的开支，

---

❶ 谢伟. 美国 TMDL 制度发展及启示［J］. 社会科学家，2017（11）：100-106。

❷ 美国环境保护署. 美国 TMDL 计划与典型案例实施［M］. 王东，赵越，王玉秋，等译. 北京：中国环境科学出版社，2012：2-146。

❸ https：//www.asce.org/water_and_wastewater_report/。

相当于国民生产总值的 3%，其中 1960—1965 年的比例高于 3.5%。但是到了 20 世纪 80 年代，这个比例就下降到了 2.5% 左右，几乎维持到了现在，2017 年为 2.3%。美国对基础设施的资金投入与需求相差甚远，投资明显不足，美国基础设施整体恶化的趋势没有得到改善。

美国大约 15000 家污水处理厂长期以来助力改善水质、保护了公众健康。其中，处理规模 <2 万 t/d 的小型污水处理厂数量占 93%，处理量占 23%，服务人口 27%，主要分布在郊区、农村；仅占 7% 的大型污水处理厂处理量占到 77%，服务人口 66%，多建在城镇地区。美国二级处理的大中型国立污水处理厂主要控制指标为：$TSS \leqslant 30mg/L$、$BOD_5 \leqslant 30mg/L$、$cBOD_5$[1] $\leqslant 20mg/L$[2]。

美国既有全球最大规模和数量的超大型污水处理厂，又有数量众多的小型分散式污水处理设施，并进行政府指导和规划研讨。例如，2005 年 12 月 USEPA 出版了《分散式污水处理系统管理手册》，2007 年举办美国"分散式污水处理与利用需求"中长期发展战略规划研讨会，利于美国今后在分散式污水处理与利用需求方面制定中长期（目标至 2025 年）研发计划。

美国也是较早回用污水的国家之一，仅加利福尼亚州的废水再生与回用工程在 1975 年就有 379 项，1987 年则达到 854 项，回用废水量 90 万 m^3/d。在 20 世纪 90 年代初，约 40% 美国人口所饮用的水已经在工业和生活方面使用过一次以上。

在美国，无论是集中式污水处理设施还是分散式污水处理设施，都具有一定的发展和建设优势，两者呈现并行、并存态势，具有相互补充、相得益彰的功效，这种模式值得中国借鉴参考。

美国为应对资源短缺、能源紧张、经济压力，顺应低碳、绿色、可持续发展的经济需求，国家清洁水机构协会（National Association of Clean Water Agencies，NACWA）、水环境联合会（Water Environment Federation，WEF）和水环境研究基金会（Water Environment & Research Foundation，WE&RF）经过一年多的酝酿，在 2013 年联合提出"未来水资源处理设施"，也译作"未来污水厂"，陆续发布 *Water Resources Utility of the Future：A*

---

[1]　$cBOD_5$，碳质生化需氧量，carbonaceous BOD_5，含碳物质发生生化氧化作用时所用的生化需氧量。对生活污水而言，$cBOD_5$ 约为总碳质生化需氧量的 60%~70%。

[2]　US EPA，Report on the Performance of Secondary Treatment Technology [R]. Office of Water Mail Code 4303T，EPA-821-R-13-001. https：//www. epa. gov/npdes/secondary-treatment-standards，March 2013。

Blueprint for Action 2013、*Water Resources Utility of the Future*：*A Call for Federal Action 2013*、*Today's Clean Water Utility*：*Delivering Value to Ratepayers*，*Communities & the Nation 2014*、*Water Resources Utility of the Future Annual Report 2015* 等成果❶，提出"未来污水厂"具有分散性、自动化程度高和可循环利用等三大特点，目标是以创新的方式可持续利用资源，从废水中分离、提取、回收或转换有再利用价值的水、能源和资源，以降低成本、增加收入并繁荣当地经济；通过合理开展流域共享、搭建创新的合作伙伴关系、采用适用性管理技术，使共享水资源的多方可以更充分地保持联系，以确保最大限度地提高环境效益。

　　美国"未来污水厂"的内涵是与时俱进、不断变化、更新和完善的。污水处理的要素从废水收集、废水处理、污染物去除、水质管理、再生水回用、资源回收、绿色基础设施等扩展到水源、能源、资源工厂。美国在世界污水处理行业具有的引领地位和示范作用是美国污水处理行业应对挑战、追求创新的结果。"未来污水厂"能否圆满落地，充足的资金投入是关键，这也是我国污水处理市场在当前和未来需要重点关注的领域。

第二节　典型污水处理厂

　　选取美国探索水资源回收的先锋代表芝加哥 Stickney 污水处理厂，简要概述雨污合流制条件下的特大型污水处理厂的工艺技术、规模提升、运维情况。并以 20 世纪 60 年代末提出超前思维的 21 世纪水厂为示范，展示具有创新意识的再生水厂新姿。

一、Stickney 污水处理厂

　　Stickney（斯蒂克尼）污水处理厂（图 5 - 2）是 1889 年成立的美国大芝加哥污水处理公司（Metropolitan Water Reclamation District of Greater Chicago，MWRD）运营的 7 个污水处理厂之一，位于伊利诺伊州芝加哥西南部的西塞罗❷，以确保该地区区民的饮水安全和健康、保证密西根湖（Lake Michigan）的水质安全、改善该地区所有河流水道的水质、减少商业和民用设施受洪水的侵

---

❶ https：//www. nacwa. org/advocacy - analysis/campaigns/water - resources - utility - of - the - future。

❷ 周一平. 美国 Stickney 污水处理厂 [J]. 给水排水，1998，24（2）：25 - 28。

害、把水资源作为重要资源来管理为重要工作目标。

图 5-2　俯瞰 Stickney 污水处理厂

Stickney 污水处理厂拥有世界最大地下式污水进水提升泵站，该泵站从芝加哥市地下埋深 45.72～91.44m 的"隧道和水库计划"（Tunnel And Reservoir Plan, TARP）工程提水。泵站能力与污水厂一级处理能力均超过 500 万 m³/d，1975 年达到日处理规模 12 亿加仑（约 455 万 m³/d），目前最大处理能力为 14.4 亿加仑（约 545 万 m³/d），日平均处理量 265 万 m³/d 左右，是世界上最大的二级处理污水厂❶。

污水厂服务人口 230 万人，服务面积 673km²，排水体制为雨污合流制，包括芝加哥市区以及附近的 46 个郊区村镇的生活污水、工业废水以及雨水，工业废水量约占全部处理量的 7.4%。雨天过量的污水先收集储存在总调蓄规模 7779 万 m³ 的 TARP，再被泵送到 Stickney 污水处理厂进行处理❷。效仿河流自净能力，综合物理和生物处理技术，通过一级处理和二级处理，视受纳水体水质情况决定是否进行三级处理。水质净化单元采用传统活性污泥法二级处理，削减水中悬浮物、可生物降解物质、病菌和氮磷等污染物，将在河道内数周发生的反应变化缩短到 8～12 小时内完成。

Sitckney 污水处理厂包括 1930 年运行的西厂和 1939 年投运的西南厂。西

---

❶　MWRDGC：Stickney Water Reclamation Plant［EB/OL］. 2020-04-08. https：//mwrd.org/sites/default/files/documents/Fact_Sheet_Stickney.pdf。

❷　宋姗姗，姚杰，陈广，等. 美国特大型污水处理厂处理规模和运行维护案例分析［J］. 净水技术，2018，37（6）：8-15。

厂一级处理由 3 组双层沉淀池和 12 条污泥自然干化床组成，处理全厂 40% 的污水，西南厂一级处理其余 60% 的污水，并对全厂污水进行活性污泥法二级处理排放。 Sitckney 污水处理厂工艺流程❶见图 5 - 3。

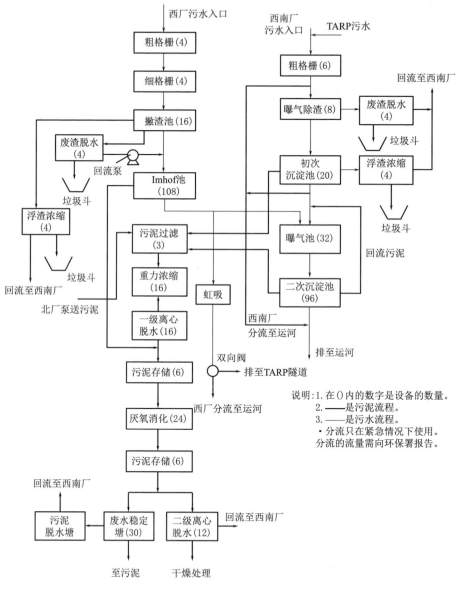

图 5 - 3　Sitckney 污水处理厂工艺流程

说明:1. 在()内的数字是设备的数量。
2. ——是污泥流程。
3. ——是污水流程。
• 分流只在紧急情况下使用。
分流的流量需向环保署报告。

---

❶　周一平. 美国 Stickney 污水处理厂 [J]. 给水排水，1998，24 (2)：25 - 28。

矩形回流槽曝气池的容积超过 80 万 m^3，按平均日流量 455 万 m^3 计，停留时间在 4h 以上。 二次沉淀池采用直径为 38.4m 的辐流式沉淀池，共 96 座，表面水力负荷为 40.7 $m^3/(m^2 \cdot d)$。 早在 20 世纪 70 年代末，Sitckney 污水处理厂就通过延长泥龄实现了氨氮的稳定去除。 平均水力停留时间（Hydraulic Retention Time，HRT）为 8h，峰值水力停留时间不到 4h。 硝化脱氮去除率达到 77%，出水氨氮小于 2mg/L。 处理尾水通过排放口排放至芝加哥环境卫生与航行人工运河（Chicago Sanitary and Ship Canal），其主要污染排放指标与浓度限值，见表 5-3。

表 5-3　　　　　　　　　美国 Stickney 污水处理厂排放指标浓度

指标	pH 值	$cBOD_5/(mg/L)$	$SS/(mg/L)$	$NH_3-N/(mg/L)$	$TP/(mg/L)$
2017 年年均	7.1	<2	<5	<0.5	0.64
2015 年年均	—	BOD_5<7	<6	<0.7	<0.9
1995 年月均	7.03	3.53	6.72	1.10	

注　1. 2017 年数据引自：宋姗姗,姚杰,陈广,等. 美国特大型污水处理厂处理规模和运行维护案例分析[J].净水技术,2018,37(6):8-15。
　　2. 2015 年数据引自：江苏省(宜兴)环保产业技术研究院,中国城市污水处理概念厂专家委员会. 中国城市污水处理概念厂美国考察报告,2016。
　　3. 1995 年数据引自：周一平. 美国 Stickney 污水处理厂[J].给水排水,1998,24(2):25-28。

处理厂采用了先进的电脑程序监视和控制系统，所有设施始终以最少的人力投入、高效运行。 1998 年全厂管理费用为 1842 万美元，折合污水处理费用为 1.62 美分/m^3。

Stickney 污水处理厂日处理干重污泥 350t，采用重力浓缩、离心脱水和厌氧消化等多种污泥处理工艺，固体浓度提高 25%～30%，随后由自建专用铁路运输至相距约 9km 的固体处理区进行离心、风干等处理。 初沉污泥在双层沉淀池下部常温消化，消化后的污泥部分经干化床自然干化，部分转送到污泥塘稳定，剩余活性污泥全部经浓缩后进入中温消化池，部分消化污泥由真空滤机脱水后，60%～70% 固体浓度的产物与木屑混合，烘干制成肥料，被用于高尔夫球场、运动绿地、公园和娱乐绿地、农田、森林，或露天矿等受干扰土地的地力恢复。

Stickney 污水处理厂一直在开发和完善一套稳健的资源回收模型，综合利用能源、水、污泥、磷和其他营养物。 在严格执行 NPDES 许可证排放标准、磷回收和保护下游水源方面取得的成就在美国乃至世界树立了新标杆。 2013 年启动磷回收项目，2015 年升级改造生物除磷，2016 年投入使用的磷回收系统采用加拿大的 pearl 工艺，可以使污水厂磷去除率达到 85%，去除污泥脱水消化液中

40％的氨氮负荷。 同时，污水厂还实现了营养物质回收和资源产品化，年产1000t Crystal Green 牌缓释磷肥，可替代化学肥料。 传统的化肥只有在经过灌溉或有水的情况下才会释放营养成分，Crystal Green 牌化肥却可以直接根据植物根部的需求在整个生长季节稳定持续地释放磷、氮、镁等营养物质，同时防止因雨水冲刷等因素造成的营养物质流失，提高了有效地促进农作物生长和成熟。

目前，Stickney 污水处理厂正在评估厌氧消化罐的处理潜力，考虑接收外来的餐厨和其他食物有机质，最终实现资源获利、能量完全自给的目标。

二、21 世纪水厂

"21 世纪水厂"（Water Factory 21）是加利福尼亚州橙郡水务局（Orange County Water District，OCWD）1975 年建成的应对海水入侵项目，是世界上第一个采用反渗透膜处理的再生水厂，是闻名全球的再生水地下回灌系统（Groundwater Replenishment System，GWRS）的前身。

美国橙郡位于加利福尼亚州南部，西濒太平洋，面积为 2455km²，年均降水量 355mm，是一个半干旱地区，人口 300 多万。 其中 240 万人的饮用水源以地下水为主，约占总供水量的 75％，其他供水量通过向加利福尼亚州南部大都市水区（Meropolitan Water District of Southern California，MWD）购买获得。橙郡的地下水每年靠 Santa Ana 河等周边水系及降雨的补给才能维持稳定的供水能力，同时要应对海水的不断入侵。

人口增长、经济发展、生活水平不断提高，用水量激增；地下水漏斗加大，海水入侵严重。 20 世纪 60 年代，橙郡的水资源规划者敏锐地预测到未来 20 年后，加利福尼亚州南部地区不会有多余的水供应给橙郡，水资源供应可能出现危机。 因为自然补给不再能够抵消地下水开采带来的影响，OCWD 开始从其他来源进口水，但是依靠遥远的流域来解渴和补给地下水也会带来一些挑战，比如进口水源的昂贵和环境敏感地区对濒危物种的影响等。 要完善工艺技术流程需要20～30 年的时间，于是他们为储备地下水资源，积极创新开发当地水源，启动了地下水补给计划。

橙郡的水机构中，1933 年成立的 OCWD 负责管理县域北部和中部的地下水盆地、监测流域的地下水位。 为应对海水入侵，OCWD 构想了防范海水入侵屏障，分别在离海岸 2 英里和 4 英里的内陆地区建造抽水井和注水井，通过精心监测，工程师们可以实现抽水-注水平衡，维持地下水位差，形成淡水屏障，有效应对海水入侵危害。 当地的污水和废水成为补给地下水的水源，要求处理过的水质达到饮用水标准方可注入水井补给地下水。

1963 年，OCWD 董事会在紧邻橙郡污水处理厂的地方建了一个污水三级处理示范厂，开始研究将污水处理厂的二级处理后排水进行深度处理后回注地下，试验在州卫生部（State Department of Health）监督下开展。 1971 年，双方对三级污水处理先进的有机质去除能力、深井注水水质，以及形成淡水屏障的试验结果非常满意。 恰逢联邦政府内政部咸水办公室（The Department of the Interior's Office of Saline Water，后来的水资源和技术办公室）有意在南加州建设一个海水淡化项目，于是，OCWD 和内政部咸水办公室共同投资，在 1971 年开工建设具有先进水循环处理和海水脱盐装置的"21 世纪水厂"。 海水脱盐模块设计了垂直管蒸发和多级闪蒸的快速蒸馏方法，污水再生模块集石灰混凝、澄清、固体沉降、氨汽提、重碳化、混合介质过滤、碳吸附和氯化消毒等工艺于一体。 1975 年 4 月，污水处理模块投入运行；同年 6 月，海水脱盐装置完成并投运，不到一年因联邦政府撤资，脱盐装置停止运行。

1977 年，"21 世纪水厂"增加了反渗透膜工艺，成为世界上第一个采用膜处理的再生水厂，污水三级处理模块经过 5 年（1976—1981 年）试运行，将处理过的水与海水混合注入深水井补给地下水的试验取得了令人满意的成果。 斯坦福大学研究表明，这些回收的城市污水如果用作城市供水来源，不会对健康构成重大风险。 1991 年，OCWD 获得了深井注水行政许可，意味着"21 世纪水厂"生产的水可以不经其他水源稀释混合而作为注水井水源补给地下水。 水厂的主要任务是提供可靠、充足和高质量的地下水补给再生水源。

1999 年，OCWD 和橙郡卫生局（Orange County Sanitation Distric，OCSD）通过 GWRS 项目的环境影响报告书，GWRS 项目启动。 2001 年，OCWD 秉持创新理念，致力开创地下水补给新局面，与 OCSD 联合批准设计建造"21 世纪水厂"的升级版——GWRS。 2002 年项目开工，2006 年"21 世纪水厂"停产，"21 世纪水厂"的过渡水厂运行，2008 年，GWRS 正式运营，日产高度净化水 26.5 万 m^3/d（7000 加仑）。 2015 年生产能力扩大到 37.8 万 m^3/d（1 亿加仑）；预计 2023 年扩建项目完成后，最大生产能力将达到 49.2 万 m^3/d（1.3 亿加仑）。

GWRS 是世界上最大、最先进的净化水再利用系统。 经过 OCSD 二级处理的污水，不再排入太平洋，而是通过 GWRS 的微滤、反渗透和紫外线-过氧化氢消毒等三段深度处理工艺之后，水质进一步净化。 出水水质达到、甚至高于州及联邦饮用水标准。 这些净化过的水通过自然渗透，补给橙郡地下水，补充橙郡北部和中部地区饮用水，解决海水入侵问题，保护当地的自然生态环境。

GWRS 不仅成为橙郡可靠水资源的重要部分，而且是目前世界上最大的回用水间接用于饮用水和生态补给的污水净化项目。

鉴于在再生水回用方面的突出成就，GWRS 荣获 2014 年"美国水奖"、2014 年"李光耀水奖"、美国土木工程师协会 2009 年度"土木工程杰出成就奖"、2008 年度"斯德哥尔摩工业水奖"等在内的 42 项殊荣。

"21 世纪水厂"率先将污水处理标准提升至饮用水标准、具有超前思维的"污水观"，颠覆了传统污水厂的意义，开辟了至今无人超越的新时代。 其继承者 GWRS 不仅引领了再生水大规模利用，实践饮用水水源循环制造，而且长期坚持并能持续创新发展，当之无愧为水处理行业先行者。

第六章

世界水务新枢纽——新加坡

水资源如咽喉。新加坡是世界唯一的城市岛国，水资源极度短缺。独立后的新加坡倾全国之力，并在世界范围内广招人才致力满足淡水自给自足，通过开源与节流双项并举，提出开发四大"国家水喉"计划。短短40年，新加坡以水养水，成长为世界闻名的"水务枢纽"。他们独树一帜的问题解决思路、"软硬兼施"的先进科学技术和高效完善管理手段取得的成功，值得我们国家一些土地面积和人口规模相近、水情相似的中小型城镇和县域借鉴学习。

第一节　跨越发展新"水观"

一、基本概况

1963年，新加坡脱离英国直属殖民统治，加入马来西亚联邦，1965年脱离马来西亚，完全独立，全称新加坡共和国（Republic of Singapore），是高度城市化国家，位于马来半岛最南端、马六甲海峡出入口，北隔柔佛海峡与马来西亚相邻，南隔新加坡海峡与印度尼西亚相望。

新加坡四面环海，由新加坡岛及附近 63 个小岛组成，其中新加坡岛占全国面积的 88.5%。 国土面积为 724.4km²，人口 564 万（2018 年数据）❶，地势低平，平均海拔 15m，最高海拔 163m，海岸线长 193km。 属热带海洋性气候，常年高温潮湿多雨。 年平均气温 24~32℃，日平均气温 26.8℃，年平均降水量 2345mm，年平均湿度 84.3%。

新加坡严禁开采地下水，水资源以地表水为主。 水资源总量 6 亿 m³❷，2017 年国内人均可再生水资源量不到 110m³❸，是世界上极度缺水的国家之一。 受地域面积狭小、地形地势平坦、无良好含水层地质等影响，丰富的降雨量不能被充分收集、储存、利用。 境内河流短促，主要河流 32 条，有加冷河、克兰芝河（Krani）、榜鹅河、实龙岗河等。

为了解决水资源匮乏，应对日益增长的用水量，新加坡向外部要水可以追溯到 1927 年❹。 中华人民共和国成立初期的新加坡，通过 1961 年和 1962 年新加坡、马来西亚两国签署的两份有效期分别为 50 年和 100 年的供水协议，修建北水南调，由马来西亚柔佛州经新马长堤引入新加坡，几乎完全依赖从马来西亚进口饮用水。

除了进口饮用水，水源本土化的关键一步是留住天上水，不让宝贵的雨水白白流掉。 新加坡也曾"问道"以色列，但因两国水文条件相差太大，以色列顾问的治水经验不适用于新加坡，新加坡方面很快意识到以色列没有足够的实践经验处理热带地区的水源问题❺，1972 年新加坡开始制定为期 20 年的《水资源总体规划》（Water Master Plan），大力发展地表水计划，开展淡水集水区项目，大部分的河流都改造成蓄水池为居民提供饮用水源。 从建国初期只有 3 个面积不大的蓄水池（水库），到 2011 年发展了 17 个储存雨水的集雨池，保持到现在，形成东部、中部、西部三个集水区，占国土面积的 2/3，雨水基本零排

---

❶ 中华人民共和国外交部. https：//www. fmprc. gov. cn/web/gjhdq＿676201/gj＿676203/yz＿676205/1206＿677076/1206x0＿677078/。

❷ Olivier Lefebvre. Beyond NEWater：An insight into Singapore's water reuse prospects [J]. Environmental Science & Health，2018，2：26 - 31。

❸ 世界数据图册＞新加坡＞水，https：//cn. knoema. com/atlas。

❹ 王虎，王良生. 新加坡与马来西亚关系中的水因素 [J]. 东南亚纵横，2010，(6)：62 - 66。

❺ 托塔哈达（Tortajada C.），乔希（Joshi Y.），彼斯瓦斯（Biswas A. K.）. 新加坡水故事：城市型国家的可持续发展 [M]. 杨尚宝译. 北京：中国计划出版社，2015。

放，超 80％ 的降雨量变成了饮用水源。 居民的日常生活和生产用水依靠收集的雨水和从邻国马来西亚进口两个 "水喉"。 随着淡水集水区建设进入尾声，利用淡水蓄集的方式增加水资源已无发展空间。

为摆脱用水受制于人、靠天喝水的困境，破解社会经济发展 "水瓶颈"，新加坡在 1972 年水资源总体规划中明确提出，若需要和技术可行，应考虑使用非常规水资源。 海水淡化被视为是在天然水资源充分利用和开发之后，干旱期间一个可行、可靠的替代方案。 四面环海的新加坡开始实施 "向海水要淡水"，当时的海水淡化普遍采用在中东应用广泛的多级闪蒸、多效低温蒸馏的热法技术。 以相变为核心的热法技术是能源密集型技术，不但成本昂贵，能耗巨大，还将使新加坡面临的水源问题转化为全球日益严重的能源问题。 海水淡化研发的注意力聚焦到开发不涉及相变的以膜技术为核心的脱盐工艺，并从新材料、节能、防腐、海水综合利用等多个与海水淡化相关的领域展开深入研究与广泛探讨❶。

20 世纪末，新加坡开始研究反渗透工艺（Reverse Osmosis，RO）在海水淡化方面的工程应用可行性研究。 随着反渗透膜法成为 21 世纪海水淡化技术的主流，新加坡让海水淡化逐渐成为国家的第 4 个水龙头（The 4th National Tap），典型的海水淡化工厂外景见图 6-1。

图 6-1 新加坡典型的海水淡化工厂

❶ 蓝伟光. 新加坡的水经验 ［N］. 黄河报，2012-08-16. 第 003 版。

　　2005 年，新加坡第一座海水淡化厂——日产淡水 3000 万加仑（约合 14 万 t）的新泉海水淡化厂（SingSpring）投入使用，随着第二座 2013 年日产 7000 万加仑的大泉海水淡化厂（Tuaspring）、第三座 2018 年日产淡水 3000 万加仑的大士海水淡化厂运行，以及 2020 年即将完工的第一个能够同时处理海水和水库淡水、日产淡水 3000 万加仑的"双模式"吉宝滨海东海水淡化厂和第五座日产淡水 3000 万加仑的海水淡化厂的陆续建设。淡化水从满足全国 10%❶的用水需求到 2016 年满足 25%的用水需求，预计 2060 年，将满足不低于 30%的用水需求❷。

　　受到膜技术在海水淡化领域进展的激励，特别是美国 21 世纪水厂 1991 年取得深井注水行政许可的成功示范。新加坡从 1998 年开始进行二级污水再生回用的可行性研究，发现膜技术应用在污水再生高品质水的成本比海水淡化的成本要低。于是，新加坡先于海水淡化项目，启动了新生水（NEWater）的示范工程。新加坡勿洛新生水厂见图 6-2。2000—2002 年，日产 1 万 m³ 新生水的示范厂取得成功，经过两年多对近 190 项参数进行超过 25000 次的测试分析，再生水水质完全符合世界卫生组织和美国环境保护署的饮用水标准，持续安全可靠。新生水正式成为新加坡的第三个"国家水龙头"（The 3rd National Tap）。

图 6-2　新加坡勿洛新生水厂外景及反向渗透膜系统

　　新加坡"国家水喉"战略通过"四个国家水龙头"（Four National Taps），即收集雨水（water from local catchment）、邻国购水（imported water）、制造新生水（NEWater）、淡化海水（desalinated water）圆满实现，新加坡拥有了

❶　张玉梅．基于自给的新加坡水资源战略［J］．再生资源与循环经济，2011，4（2）：40-44。
❷　竹子．由贫水国到水务强国——新加坡解决缺水之道［J］．中化建设，2014，（9）：60-63。

一个强大的、多样化的、可持续的供水系统，新加坡现在和未来水资源需求量和供应量❶见图 6-3。

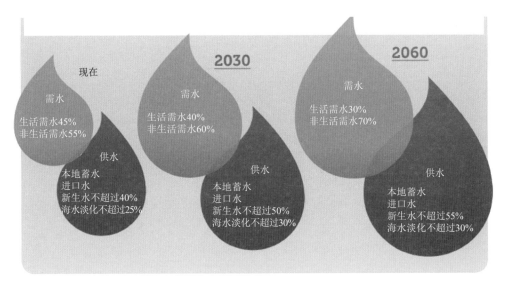

图 6-3 新加坡现在和未来的水资源供需量

新加坡在水资源开发中坚持"非常规的方法和思维"，自力更生、自主创新，立足国情、水情、实情，运用行而有效的各种资源整合手段，最大限度地深度融合"四个国家水龙头"长效机制，助力新加坡克服自然水资源的匮乏，满足了国家自给自足用水需求。

二、新生水实践

新加坡公共事业局（Public Utilities Board，PUB）精心打造的新生水（NEWater），完美诠释了"比努力更重要的是改变思维方式"。 2002 年 8 月，时任总理吴作栋打完网球大口喝下 NEWater 再生水的照片，是新生水的首秀，标志着新生水技术的研发成功，诠释了新生水的高光品质。 新生水作为新加坡国庆 37 周年特礼，惊艳全场。 "新生水和自来水的混合水将是新加坡人的饮用水"一经宣布，即产生巨大轰动，NEWater 受到国际各界的高度关注。

新加坡新生水的发展历程见图 6-4。

❶ PUB. Our Water，Our Future. https：//www. pub. gov. sg/Documents/PUBOur Water Our Future. pdf，2019.04.27。

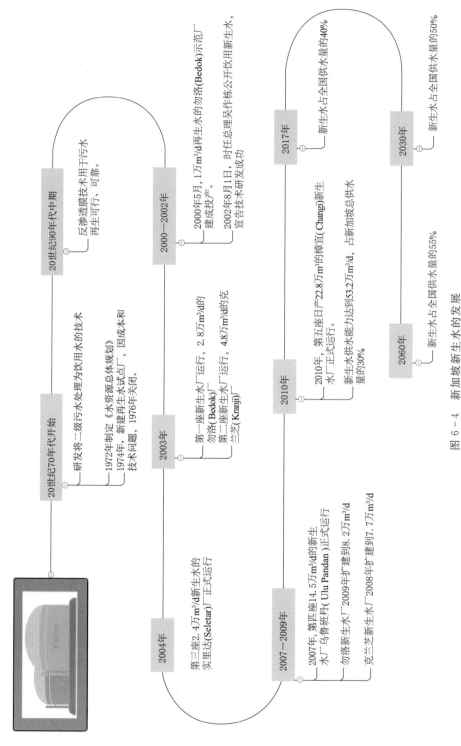

图 6 - 4　新加坡新生水的发展

20世纪70年代开始

研发将二级污水处理为饮用水的技术

1972年制定《水资源总体规划》

1974年，新建再生水厂，因成本和技术问题，1976年关闭。

20世纪90年代中期

反渗透膜技术用于污水再生可行，可靠。

2000—2002年

2000年5月，1万 m³/d再生水的勿洛(Bedok)示范厂建成投产。

2002年8月1日，时任总理吴作栋公开饮用新生水，宣告技术研发成功

2003年

第一座新生水厂运行，2.8万 m³/d的勿洛(Bedok)厂

第二座新生水厂运行，4.8万 m³/d的克兰芝(Kranji)厂

2004年

第三座2.4万 m³/d新生水的实里达(Seletar)厂正式运行

2007—2009年

2007年，第四座14.5万 m³/d的新生水厂乌鲁班丹(Ulu Pandan)正式运行

勿洛新生水厂2009年扩建到8.2万 m³/d

克兰芝新生水厂2008年扩建到7.7万 m³/d

2010年

2010年，第五座日产22.8万 m³的樟宜(Changi)新生水厂正式运行。

新生水供水能力达到53.2万 m³/d，占新加坡总供水量的30%

2017年

新生水占全国供水量的40%

2030年

新生水占全国供水量的50%

2060年

新生水占全国供水量的55%

2002 年，新加坡公共事业局启动新生水为"国家四个水龙头"建设计划。 创新"水观""污水观"等概念。 废水、污水改头换面叫"用过的水"（used water）；污水处理厂叫"再生水厂"，再生水摇身一变为"新生水"（NEWater）。

2003 年，新加坡第一座、第二座新生水厂勿洛（Bedok）2.8 万 m³/d 新生水和克兰芝（Kranji）4.8 万 m³/d 新生水相继建成、投产、运行。 首批二座新生水厂的顺利实施，促使 2004 年第三座 2.4 万 m³/d 的实里达（Seletar）新生水厂建成投产；2007 年，第四座 14.5 万 m³/d 的乌鲁班丹（Ulu Pandan）新生水厂投运；2008 年和 2009 年，勿洛和克兰芝新生水厂接连扩大规模，新生水产量合计达到 15.9 万 m³/d；2010 年，新加坡第五座新生水厂、规模最大的、22.8 万 m³/d 的樟宜（Changi）新生水厂投产运行❶。 新加坡新生水规模达到 55.6 万 m³/d，新生水量占全国用水量的 40%，2030 年和 2060 年新生水供应量将分别实现不低于 50% 和 55% 的供应目标❷。

新加坡公共事业局将原来割裂的城市供排水系统统一管理，通过集雨水库、再生水厂、新生水厂、海水淡化厂进入原水净化厂以及供水系统将高品质的水输送到工业和居民家庭，用过的水经 3500km 的污水管网和深层隧道排水系统（Deep Tunnel Sewerage System，DTSS）全收集，通过 4 个再生水厂处理，一部分排入海洋，一部分进入 5 个 NEWater 新生水厂，高品质的新生水因其过于纯净，不适宜于长期直接饮用。

新生水主要用于直接非饮用（Direct Nonpotable Use，DNPU）和间接饮用（Indirect Potable Use，IPU）。 间接饮用的新生水在干旱季节，流入集雨水库与雨水混合作为原水供应自来水厂。 新生水直接非饮用主要作为水密集型行业用水，其次是作为商业或公共建筑、居民用冷却水，均铺设专用管网保证新生水输送。 新生水的介入，使新加坡这个城市型国家的供水排水系统形成接近自然水循环的闭合水圈。 新加坡人工强化的近自然水循环闭合水圈见图 6-5。 新加坡真正让每滴水都发挥了作用，无论用过与否，水就是水。

---

❶ Hannah Lee，Thai Pin Tan. Singapore's experience with reclaimed water：NEWater［J］. International Journal of Water Resources Development，2016，32（4）：611-621。

❷ PUB. Our Water，Our Future. https：//www. pub. gov. sg/Documents/PUBOur Water Our Future. pdf，Last updated on 24 Feb 2020。

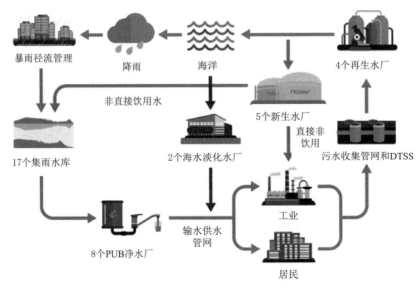

图 6 - 5 新加坡人工强化的近自然水循环闭合水圈

新加坡水资源奇缺，能否获取足够的水源关系到整个国家的生死存亡。通过长期不懈努力的"走出去、引进来"多措并举、研究多技术融合，如今，新加坡政府凭借仅有的水资源量实现了水的高效率、多效益利用，成为全球城市高效用水及创新水循环科技的范例，也是世界上最优秀的水务管理国家之一。

新加坡采取经济与环境协调发展的政策，没有走"先污染后治理"的道路，不仅在经济发展和环境保护方面实现了跨越式发展，进入了发达国家的行列，而且还是一个绿树成荫、蓝天碧水、环境优美的国家。这值得我们学习。

第二节 新生水的成功经验

NEWater 新生水的诞生是新加坡生存的里程碑，对新加坡的国家水安全影响深远、意义重大。同样，新加坡水故事的成功，也为中国乃至世界解决水资源短缺、水环境污染、水生态破坏等问题带来了可操作性模板。关键因素是实事求是、观念创新，具体表现在寻找稳健的、可行的技术支持，组建强有力的保障机构和构思入脑入心的水文化、水观念。

一、PUB：新生水的创造者

新加坡公共事业局（PUB）是新加坡国家水务机构。 1963 年成立之初隶属总理办公室，负责供应水、电、气，其中水务部门致力于提供高效、可靠供水，负责饮用水源水的收集、存储和处理，供水管网的运行及维修，输水给消费者，以及通过水塔和卡车进行供水❶。 1964 年，PUB 归到律政部，1971 年转回总理办公室，20 世纪 80 年代隶属贸易工业部。 2001 年机构重组，成为当时环境部（2004 年更名环境和水资源部）下属法定机构。 环境部的污水和排水管理职能划拨到 PUB，而 PUB 负责的电力和天然气监管职能移交给新成立的能源市场管理局（Energy Market Authority，EMA）。

2001 年的机构重组，反映了新加坡完全集中的水管理方式，标志了 PUB 为新加坡的国家水务机构，负责监管整个国家的水循环系统，控制所有使用过的水以及与供水有关的事项，具有维护和管理公共污水系统、水渠和雨水存储、排放系统的责任。 新加坡的集水区和供水系统、排水系统、水回收厂和污水处理系统等开放的社会水循环链条被融入自然水循环系统内，填补了社会-自然水循环之间的断口，形成了社会-自然闭合水圈，赋予新加坡水循环活力。

1965 年，新加坡脱离马来亚联邦独立初期，呈现"多龙治水"的局面，例如，隶属贸易工业部的 PUB 负责工业用水和居民用水；隶属国家发展部的公共工程局负责污水及排放；环境部的渠务局负责确保有效的排水系统建设以及防止和减缓洪涝灾害；而卫生部负责卫生和清洁的服务等。 新加坡的供水规划标准经过了一个根本性转变，水资源规划面临的紧迫任务不再是通过新加坡的柔佛州长堤寻找高品质的水源，而是尽快并尽可能地规划和发展所有可用的内部水源，实现水资源的自给自足。 PUB 考虑因土地复垦、人口增长形成的经济发展而导致的用水需求增长，开始开发岛上的供水系统。

水规划部门咨询以色列水资源最大化的专家，寻求专业知识的支持，聘请联合国水资源专家进行概念性规划和水资源研究。 由于以色列和新加坡的水文条件差异太大，以色列顾问没有足够的实践经验来处理热带地区的水源问题，很难对新加坡的水资源战略做出任何有意义的贡献，很快就终止了以色列顾问的服务。

---

❶ 托塔哈达（Tortajada，C.），乔希（Joshi，Y.），彼斯瓦斯（Biswas，A.K.）. 新加坡水故事：城市型国家的可持续发展［M］. 杨尚宝，译. 北京：中国计划出版社，2015。

鉴于地下水的有限应用前景和干旱期间被视为可行且可靠的替代方案——海水淡化成本高昂，规划者认为污水的合理回用将成为非常经济和必要的手段。 1972 年，新加坡第一个水质总体规划概述了水资源战略，将污水回用（新生水）作为未来水资源问题解决的主要途径之一。 20 世纪 80 年代末，地表水资源开发殆尽后，即被认为是最后一个地表水库项目的双溪实里达勿洛（Sungei Seletar - Bedok）水库方案完成后，新加坡才开始重视非常规水资源供应，PUB 开始研究降低海水淡化和大规模再生水成本的技术，尽可能增加当地的水供应。

在现代化的制度和法规下，新加坡的水资源管理进入了一个新纪元。 1998 年，PUB 与环境部合作进行二级处理污水回收用于饮用水的可行性评估，并派遣技术人员赴美国考察学习膜技术在污水再生回用领域的最新进展。 同年建设 10000m³/d 的勿洛再生水示范厂，2000 年建成投产，经国际水务专家小组对 190 项参数、超 250000 次的物理、化学和微生物检测分析，高品质再生水水质达到世界卫生组织（WHO）和美国环境保护署（USEPA）饮用水标准，安全性优于常规饮用水。 目前，检测项目增至 290 多个。

词汇是思想的载体。 2002 年，PUB 正式启动了将再生水作为水资源的建设计划。 相比美国和澳大利亚的废水再利用项目具有争议性，新加坡市民接受新生水是一个平和的过程。 为了能让人们理解未来的走向，改变民众对再生水的负面印象，必须摆脱现有词汇的束缚。 PUB 自觉地避免使用含有负面含义的术语，积极创造新的概念帮助人们理解真正世界。"废水（waste water）"和"生活污水"（domestic sewage）被称作"用过的水（used water）"；中水、回用水、再生水等传统词汇变身"新生水（NEWater）"。 新生水的出现为新加坡实现供水的自给自足带来了希望。

PUB 除了创造新词汇，还通过一系列卓越的品牌策划为 NEWater 大造声势，使人们接受将新生水作为永久性水源。 2002 年，新加坡独立 37 周年活动中，时任总理吴作栋带头喝下新生水，引起社会轰动；国庆晚宴上，以新生水代酒为国庆举杯。 新加坡高调、自信的宣布，新生水位列"国家四大水喉"第三位。

2003 年，PUB 免费开放的 NEWater 接待中心（NEWater Visitor Centre，NVC），位于勿洛新生水厂，是一个水博物馆，已经成为新生水的公共教育基地。 展馆将公众的注意力从处理过程转移至最先进技术的安全、可靠和可持续性上。 新生水博物馆告诉人们，自然界本没有什么"新鲜水"，所有水都经过了无数次的循环再生。 PUB 还广泛采用巡回展览、简报、海报、广告、宣传册、公开讲座、免费赠送等多样、密集的宣传形式，对公众进行新生水入心、入脑教育。

PUB 机构的标志从成立之初到 2016 年，修订、更新了 5 次，见图 6 - 6，见证了这个机构专注水使命的路线变化。

　　1963年　　　　1976年　　　　2001年　　　　　2005年

2016年

图 6 - 6　公共事业局的 logo 变化

2005 年，PUB 的 logo 标志修订， "Water for all" 体现 "人人有水" 的愿景和使命，并呼吁所有新加坡人发挥自己的作用，明智地使用水。

2016 年更新的 PUB 标志，由徽标、名称缩写、定位三部分组成，锁定了 PUB 国家法定水务部门的三大功能，即收集和管理雨水，生产供应饮用水，收集、处理和循环利用使用过的水。

PUB 通过先进的科技加上完善的管理，使新加坡的水系统变得独一无二，成为水资源匮乏到自给自足可持续使用的典范，因其贡献荣获 2007 年斯德哥尔摩水工业资源奖。 2008 年设立的新加坡国际水周（Singapore International Water Week）和李光耀水奖（Lee KuanYew Water Prize），分别成为水务界知名活动品牌和最高荣誉，也使新加坡成为世界闻名的水务枢纽。

新生水得以成功推行，要归功于公共宣导活动增加了公众信心和接受度。 其中，宣导活动特别针对新生水的严格制造过程，进行公共教育，让人们能放心饮用新生水，同时纠正大家关于用后水回收的错误观念。 2014 年，PUB 因公共宣传和教育方面的杰出表现，获得联合国水资源组织颁发的最佳实践奖。

二、技术融合：水品质的保护者

新加坡采用美国太空净水膜技术生产新生水，解决水问题。 新生水厂处理再生水厂来水的主要工艺流程见图6-7。

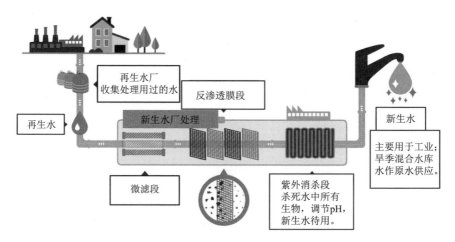

图6-7 新生水技术工艺流程

来自再生水厂处理过的、达到国际标准的再生水，在新生水厂主要通过三个高级处理工艺生产NEWater。

首先，是超滤工艺。 再生水通过直径$0.04\mu m$的空心膜超微过滤，滤出水中存在的较大悬浮物、胶体颗粒和一些细菌、病毒和原生动物的包囊。 空心膜每15min反冲洗一次；每3～6周用柠檬酸清洗；每5年更换新的空心模，确保清洁。

其次，是半透反渗透膜工艺。 直径$0.0004\mu m$的反渗透膜，孔径相当于人类头发的十万分之一，只允许水分子大小的分子通过，有害的细菌、病毒等污染物不能通过。 因此，NEWater不含病毒、细菌，只含有少量的盐和有机物。

最后，是紫外消杀工艺。 经过前面两个步骤，新生水已经达到国际通用饮水标准了，为了安全起见，新生水还要经过比太阳紫外线强100倍的照射仪，只需1s钟就能杀灭所有可能潜在的细菌，以保证产品水的纯度。 添加碱性化学物质调整pH后，通过专用管网外输再用。

经过微滤、反渗透膜、紫外消杀处理后，生产的新生水，不含任何矿物质，超纯净，不适合长期饮用。 因此，新生水主要直接用于工业上清洗零件机械、冷却等用途，少部分则注入蓄水池，与收集的雨水混合，经过自然净化，间接作为原水供应生活用水。

NEWater 所占水资源供应量的份额不断增加，工程作为 NEWater 的重要载体，离不开工程体系方面的有力支撑。在新加坡，一般采用市场思维模式，鼓励私营企业参与公共项目。PPP 是政府采购模式的一种具体表现形式。

囿于新加坡国内的行业规模和市场不大，为吸引国际一流企业加盟，新加坡将其自身定位为"亚洲基础设施建设中心入口"，充分利用新加坡的国际金融中心地位，通过基础设施建设全产业链布局和高质量人力资源等战略优势，发力于亚洲 PPP 基础设施市场，为夺取亚洲城市化的商业机遇做好了充分的准备。

饮用水和污水处理项目是新加坡政府认为比较适宜开展 PPP 模式的公共基础设施项目。PUB 采取 PPP 模式进行工程建设。一个水处理项目公开招标，最先考虑的是技术与工艺方案，发包方要先请专家选择确认技术与工艺等软件方案，再确定硬件建设的标书设计、中标条件。在工艺流程确定的前提下，采用 DBOO（design - build - own - operate）模式，是常用的 BOT（build - operate - transfer,）和 DBO（design - build - operate）模式的衍生和延伸，是一种结合新加坡国情创新实施的一种 PPP 操作模式。

关键是新加坡 PUB 不断根据未来的发展需求，在气候变化和能源、水资源制约的前提下，以"出水水质""能源自给""环境可持续性"3 个关键评价标准考察分析相关污水处理技术升级和设备改造效果，并制定 2017 年、2022 年、2030 年三阶段的能源自给、污泥减量目标。

目前，被认为是世界上最为节能的主流厌氧氨氧化工艺和厌氧膜生物反应器在新加坡均处于实验室测试阶段，计划 10 年内完成实验室和中试验证。

三、节水教育：水需求的重新思考

水需求的稳步增长被认为是经济增长和国家发展的指标之一，被认为是积极进步和高生活水平的标志。新加坡最初建立的水管理办法是为了实现水源供给的多元化，以应对国家的水资源危机，是供水管理思维。随着新生水的推广，国家四大水喉鼎立，实现了水资源自给自足。PUB 意识到，随着用水需求的不断增长，即使供水可能没有问题，但可持续用水仍需引起重视。长期节约用水的思想和理念是控制实际日常用水量的决定性因素。新加坡人均日用水量变化及目标见图 6 - 8。

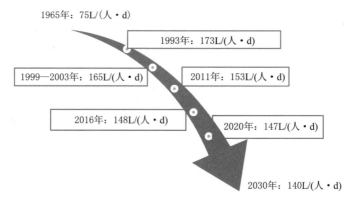

图 6-8   新加坡人均日用水量变化及目标

　　管理用水需求与确保水资源供应同等重要。 1971 年，新加坡将用水需求增长作为进步标志的概念开始发生变化，可称之为"节水元年"。 当年，开展了一次节约用水运动，举办了三场"水是宝贵的"专题展览。 1973 年修订水价，实行阶梯式水价制度。 1981 年，PUB 提出节水的优势和重要性，推出了"节水规划"，与之前的水政策思维大相径庭，明确节水措施对逐步减少未来用水需求的重要性。 通过拍摄"寻找水源"纪录片、邀请公众参观水处理设施、节水课程进学校进教材等方式，竭尽所能传播节水用水信息，为用户提供避免浪费、节约用水的免费咨询服务。

　　20 世纪 90 年代，新加坡通过采取技术性、强制性和自愿性的措施以及公众教育的方式实施节水。 具体措施有阶梯式水价、节水税、全部房屋强制性安装低容量冲厕水箱（Low capacity flush tank，LCFC）、提出"绿色计划"、开展"全国节约用水运动"等活动、鼓励自愿采用降低压力和流量的节水设施、购买用水效率标识计划产品等。

　　进入 21 世纪，新加坡强制性用水效率标识计划和节水建筑认证计划全覆盖。 2006 年 PUB 启动了名为"挑战 10L"的总体规划，旨在降低人均日耗水量10L，到 2030 年实现人均日用水量 140L/（人·d）。

　　尽管有各种节水措施，但是消费者因为不知情，没有获取足够的信息，未遵守规定或因此受罚，是不公平的。 公众参与是水需求管理的重要工具，通过公民教育和宣传使居民自愿性节水是最重要的途径。 地球可以满足每个人的需要，但不能满足所有人的贪欲，节水永远在路上。 让节水成为居民日常生活的习惯是 PUB 不懈的追求。 这和中国"节水优先、空间均衡、系统治理、两手发力"的新时代治水理念相一致。

/本 部 分 小 结/

　　决定建设中国污水处理概念厂，就要对标对表，在全世界寻找类似概念厂，总结归纳其优缺点，借他山之石以攻玉。 思考和解决中国的水环境问题，应该具有开阔的视野，广泛借鉴国际社会的先进理念和有益经验。 即使在欧美和其他发达国家，水污染问题也没有得到完全解决。

　　环境问题无国界，但有不同解决路径。 现代城市污水处理历经数百年变迁，为居民和环境提供了可靠、有效、高效的服务，取得了不起的成绩，也面临前所未有的挑战。 英国和美国走"先污染后治理"道路，人口密度和产业结构的调整，使他们有条件让江河湖泊休养生息，让土地退耕、休耕，我们无法照抄照搬；而新加坡采取经济与环境协调发展的政策，开创了经济充分发展和环境绝对保护的新天地，但前提是充分的降雨，使他们有水可存。

　　能将水问题解决好的国家都是相似的，解决不好的国家各有各的困难。 然而这些国家的污水处理技术和创新水理念，以及健全的法律和严格执法值得我们借鉴和参考。

　　城市污水处理发展离不开历史的积淀和工程经验，任何新技术都需要逐步融入到已有的系统之中，不能一味先破后立，"破旧立新"，还要注意保护工程遗产和历史技术，在继承中创新。

第三部分

智慧使概念成为现实

WISDOM MAKES THE CONCEPT A REALITY

与其坐而论道，

不如起而行之。

——《周礼·冬官考工记》

第七章

睢县新概念污水厂

中国污水处理概念厂初衷版——江苏宜兴城市污水资源概念厂在建设中，那么中国污水处理概念厂的真面目会是什么样子？睢县第三污水处理厂（又称睢县新概念污水厂）将中国污水处理概念厂的四大目标追求内化于心，外化于行，悄然付诸实践。它的建成是概念厂的全面实景展示，被曲久辉院士称为"中国污水处理概念厂1.0"。

/第一节　睢　县　概　况/

睢县，位于河南省中东部，商丘市最西部，地处豫东平原、黄淮腹地，地理坐标为北纬 $34°12'$ ~北纬 $34°34'$，东经 $114°50'$ ~东经 $115°12'$，总面积 920km²，人口 91 万（2019 年年底）。属暖温带半湿润大陆性季风气候，年平均气温 14℃，平均降雨量 680mm❶。

---

❶ 睢县人民政府首页-精彩睢县-睢县概况，http：//suixian.gov.cn/index/wonderful/jcsx_sxgk/id/92/class_id/281.html，2020 年 6 月 16 日。

一、自然环境

睢县是豫东平原黄泛区冲积扇的一部分，地势西北略高，东南稍低，地面坡降约 1/5000，平均海拔 55m，相对高差 9m，地形开阔平坦。土壤肥沃，土壤类型为潮土，发展农业条件优越。气候类型属湿润季风气候，四季分明，光照充足，季风恒定。

睢县全境属淮河流域的涡河-惠济河水系，地表和地下水资源较丰富，地下水位 3～5m。多年平均可开发水资源总量为 2.9289 亿 m³，多年平均地下水可采量为 1.4267 亿 m³，地表水年降水总量为 6.2324 亿 m³，径流总量可达 0.8538 亿 m³。被誉为"中原水城"。地表主要河流有惠济河、通惠渠、蒋河、祁河、小温河、涧岗沟、申家沟、利民河、红腰带河、护城河等 10 多条河流，依地势自西北流向东南，最终注入淮河。县域内有北湖及其苏子湖、濯锦湖、恒山湖、甘菊湖、凤凰湖 5 个卫星湖，面积达 266.7hm²。

睢县河流中除惠济河基本有水外，其他河流均属季节性河流，汛期排洪，枯水期干涸，有的沦为纳污河，常年黑臭。

二、污水处理现状及规划

（一）污水处理现状

睢县有传统污水处理厂 2 个，即第一污水处理厂和第二污水处理厂，2018年城市污水集中处理率 98.57%。

睢县第一污水处理厂是 2006 年河南省重点建设项目，占地 47 亩，采用奥贝尔氧化沟工艺，处理规模为 2 万 m³/d。建奥贝尔氧化沟两座，铺设配套污水管网 32.5km。2007 年 1 月建成并投入使用，设计出水标准为城镇污水处理厂二级标准，2015 年完成了提标改造，出水水质达到《城镇污水处理厂污染物排放标准》（GB 18918—2002）要求的一级 A 标准。

睢县第二污水处理厂，即睢县产业集聚区污水处理厂，是睢县"十二五"期间的重点建设项目之一，总投资约 7000 万元，总占地面积 80 亩，设计规模 4.5万 m³/d 分两期建设。其中一期占地 50 亩，采用卡鲁塞尔氧化沟工艺，设计规模为处理污水 2 万 m³/d。2012 年 4 月 12 日开工建设，2013 年 7 月 6 日完成厂区土建施工及设备安装调试工作，同时完成配套污水管网铺设达 30.1km，2013年 7 月 30 日投入运行。出水水质执行《城镇污水处理厂污染物排放标准》（GB 18918—2002）中的一级 A 标准。

（二）污水处理规划

《睢县城市总体规划纲要》（2015—2030）规划城区排水采用雨污分流制。预测（2015 年）近期平均污水量为 3.3 万 m^3/d；中期（2020 年）平均污水量 10.4 万 m^3/d；远期（2030 年）平均污水量 10.4 万 m^3/d。

近期目标已完成：第一污水处理厂正常运行；第二污水处理厂一期工程投运，污水处理规模 2 万 m^3/d。

远期目标：扩建第一污水处理厂，规模达到 3 万 t/d；建设第二污水处理厂二期工程，规模达到 4.5 万 m^3/d；新建第三污水处理厂，使其规模达到 4 万 m^3/d；远期考虑中水回用量 4.5 万 m^3/d，回用率约 27%。

污水处理厂出水水质执行 GB 18918—2002 一级 A 标排放标准。县城中部的污水进入第一污水处理厂，县城北部污水进入第二污水处理厂，污水处理后排入通惠渠；县城东部和南部污水进入第三污水处理厂，污水处理后排入利民河。

为保护城市环境和居民身体健康，实现经济的可持续发展，污水处理成为环境保护的重点工程，得到有关部门的高度重视。随着睢县市中心排污管网的不断修建完善，需集中处理的污水量急剧增加，污水处理厂的扩容及新建成为必然。睢县城区规划显示，县城利民河沿线东南区域是发展重点，必须提前铺设污水收集管网及污水处理厂等配套基础设施。

利民河由于垃圾倾倒、生活污水直排、河道空间和断面不断被侵占等因素影响，常年水体黑臭。在响应国家水污染防治行动计划，进行河道整治的举措中，截污纳管是利民河修复的重中之重，由此收集的大量污水亟须新建污水处理厂进行处理，睢县第三污水处理厂的建设应运而生。

睢县第三污水处理厂，又称"睢县新概念污水厂"，是河南省首座新概念污水处理厂，也是睢县水环境整体改善项目的核心子项。位于红腰带河南侧、利民河西侧、睢平路东侧，总占地面积约 150 亩，主要为县城东南部区域提供污水处理服务。工程规模日处理污水 4 万 m^3/d，日处置污泥 100t/d，分两期进行。一期工程先行实施日处理污水 2 万 m^3/d，排放标准执行 GB 18918—2002 一级 A 排放限值要求，主要指标达到《地表水环境质量标准》（GB 3838—2002）Ⅳ 类水体水质要求；一期工程日处理污泥规模为 50t/d。出水补给利民河，副产污泥就近搭载畜禽粪便、作物秸秆、厨余垃圾等，协同为县城城区及周边区域提供有机质处理服务。

/第二节　这是污水处理厂吗/

每一个，到睢县第三污水处理厂的人都会自问："这是污水处理厂吗？"自答："真是新概念啊！"他们站在二楼观景平台，不约而同地要拿出手机拍照，对这个污水处理厂的艳羡之情溢于言表，并希望通过朋友圈迅速将这种愉悦传播。

一、平面布局耳目一新

土地是我国最宝贵最紧缺的资源。科学合理的空间布局可以使普通的市政基础设施具有舒适度、节奏感，达到抚慰人心的功能。污水处理厂用地不仅是在形式上节约集约利用土地，而且还要不影响周边土地未来的使用功能和增值潜力，这要比控制建设投资产生的效益高 10 倍乃至百倍。睢县第三污水处理厂是河南省首座体现"四个追求"的污水处理厂，在总平面布局上令人耳目一新。

传统污水厂多按照工艺流程布置建筑设施，以物质空间为对象，呈现为多个小面积单体建筑集群，不关注人的需求，而是刻意拉开污水厂与社区人群的距离，给人的影响总是脏、乱、差，与"美好"两字不沾边。

睢县第三污水处理厂位于河南省商丘市睢县白庙乡单庄村南，北临红腰带河，东依利民河，西挨睢平路，用地面积 94808.37m²，建筑面积 60667m² [1]，设计规模为 4 万 m³/d，有机质无害化处理和资源化处置规模 100t/d。一期处理能力 2 万 m³/d，有机质处理 50t/d，均预留与二期衔接的接口。

睢县第三污水处理厂一改以往给水排水专业统揽全局的设计思路，集合建筑、景观、园林、环境、农业等专业人员进行跨专业顶层设计，着力将生态农业、海绵城市、人工湿地、生态景观、环保科技展示及科普环境教育等理念融入污水处理厂，将污水处理厂打造成科技、建筑与自然共生的和谐环境，成为迥异于传统污水处理厂的资源工厂、特色观光场所和提供综合生态服务的绿色基础设施。睢县第三污水处理厂两种平面布局感官对比如图 7-1 所示。

---

[1] 睢县第三污水处理厂建设用地规划许可证，编号 2018.024。

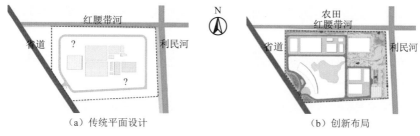

（a）传统平面设计 （b）创新布局

图 7-1 睢县第三污水处理厂两种平面布局感官对比

两种布局，优劣一目了然。 左图看似集中，实则纠结；右图疏落有致，盈盈有光。 睢县第三污水处理厂按功能融合，理性考虑建筑空间，既避免空间浪费，又将"以人为本"落在实处。

睢县第三污水处理厂集科普宣传、环境教育、休闲观光于一体，以塑造参观和生产主体的体验感来满足每个人心里的"场所精神"。 厂内的规划从人的行为出发，优先考虑人行流线，人行流线设计得越简单，越能体现建筑设计的"人性化"特点。 为确保参观人员有顺畅便捷的参观流线，同时又不致对正常的厂区生产带来过多干扰，厂区实行生产-参观有机一体化的"人行流线"。

睢县第三污水处理厂的"人行流线"设计对象主要分社会参观人群、专业学者和办公人员三类。 按便捷、高效和人性原则，设计了不同人群在使用过程中的行走路线，如图 7-2 所示。 紫线为专业参观流线，红线为社会参观流线，绿线及绿色区域为二层观景平台视野，蓝线为一层通道。

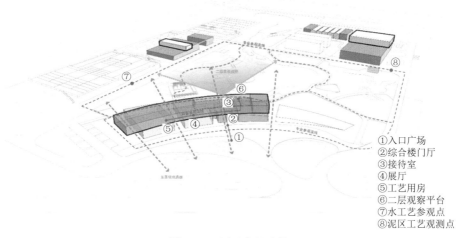

①入口广场
②综合楼门厅
③接待室
④展厅
⑤工艺用房
⑥二层观察平台
⑦水工艺参观点
⑧泥区工艺观测点

图 7-2 厂区人行流线

在满足工艺设计需求的前提下，通过重构小型污水处理厂功能模块，将建筑功能集结整合，化零为整，将污水处理厂划分为科学管理中心、水质净化中心、有机质处理中心三大建筑集群。三个建筑群落围合于中心庭院外侧，中间穿插功能性景观，构成了错落有致、开阔有度的空间形态，如图7-3所示。

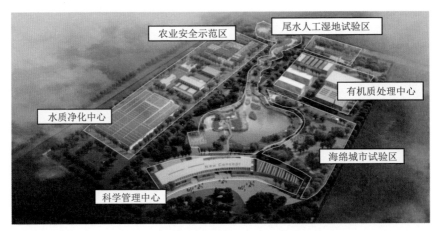

图7-3 睢县第三污水处理厂效果图鸟瞰

为了与生产区出入口联系便捷，方便车辆频繁出入，承担着污泥、畜禽粪便、秸秆、水草等有机质处理任务的有机质处理中心，与科学管理中心遥相呼应。污泥区的化验室及中控室布置在有机质处理中心的二层，大型设备布置于夹层，形成多维度利用的建筑空间。设备操作间与外部空间的夹层设有观察窗，便于访客以更安全的方式和清晰的角度，了解有机质处理的设施运行和物料产出情况。图7-4是有机质处理中心轴测图和中控室观察窗。

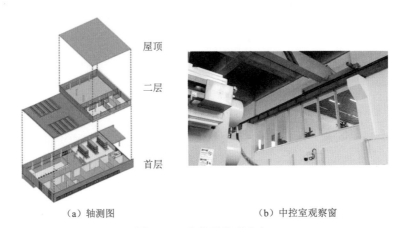

（a）轴测图　　　　　　　（b）中控室观察窗

图7-4 有机质处理中心

睢县第三污水处理厂建筑体型简洁均衡、逻辑清晰，建筑立面干净利落、朴实大方，全厂建筑及构筑物的造型和谐内在统一。 科学管理中心与水质净化中心、有机质处理中心通过环路依次相连，交通顺畅。 建筑之外的尾水人工湿地强化区、生态安全农业示范区、海绵城市建设试验区三大实践功能组团，是对概念厂1.0的有力烘托和生动诠释。

污水厂尾水人工湿地试验区关注尾水对自然水体水质产生的影响，研究尾水中存在的微生物对自然水体生态平衡的指标变化。 靠近污水处理中心，尾水出水口藏于室外亭台下缘，呈瀑布状跌落至池中，形成观赏景观。 出水通过人工湿地到达湿塘，流经陂塘溢流进入河道。

海绵城市试验区紧贴湿塘南侧，为下凹式绿地；建筑周边做生态雨水沟。 下凹式绿地是高程低于周围路面的公共绿地，利用开放空间承接和储存雨水，起到减少地表雨水径流外排的作用。 下凹式绿地与生态雨水沟分别以面状及线状的形态相互结合，能够承接和有效疏导更多的雨水，内部植物多以本土草本植物为主。

农业安全研究基地位于陂塘及污泥车间附近，施用污泥转化的营养土和有机肥料，污水处理的再生水浇灌，试验性种植蔬菜、庄稼和果树，探索研究再生水用于农业安全的相关问题。

一座环境基础设施宛如器皿，容纳着众多功能、人和行为。 但同时也要能够具有融入未来城市的特质——波光粼粼、秀外慧中，经历时间考验，长久保持与周边环境建立的有机、协调关系。 从建筑设计到景观设计，睢县第三污水处理厂都强调实现建筑互通、环境舒适，创造宜人、舒适和时尚的环境。

睢县第三污水处理厂总平面体现了科学合理、经济有效、可持续发展的原则，融入的环保科技、环境教育、生态农业、休闲公园等理念，使整个厂区初步形成集生产生活、科研科普、生态农业、科技观光、艺术欣赏等于一体的独特的新型污水处理厂，成为中国城市污水处理概念厂专家委员会不断探寻的"中国污水处理概念厂1.0"。

二、核心建筑焕然如新

科学管理中心是污水处理厂的"大脑"，是融合了生产、生活、教育等功能的核心建筑。 传统模式下配置在污水处理区的鼓风机房、配电间等生产设施与参观展览、办公生活设施集中布置在科学管理中心。

科学管理中心根据"一面科技、一面自然"的建筑理念设计、建造，强化科学管理中心的综合性体型，沿厂区主形象面延展渲染，体现核心建筑的标志性，创造出宜人、舒适、时尚的建筑环境。

进入厂区，首先映入眼帘的是科学管理中心一层的三条视觉通廊，隔开了相对独立的三个空间——生产空间（鼓风机房及变配电间）、生活空间（餐厨、更衣等）、展览空间（门厅、展厅及化验区）。 在三个独立空间的上方，横向架起了二层的办公空间，建筑形成浑然一体、功能相对独立的有机整体格局。 科学管理中心各层组成和整体外观如图 7-5 所示。

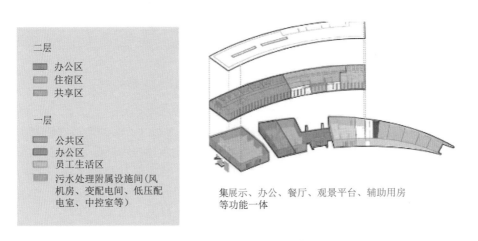

二层
- 办公区
- 住宿区
- 共享区

一层
- 公共区
- 办公区
- 员工生活区
- 污水处理附属设施间(风机房、变配电间、低压配电室、中控室等)

集展示、办公、餐厅、观景平台、辅助用房等功能一体

图 7-5 科学管理中心分层布置

科学管理中心二层有开阔的观景平台，如图 7-6 所示，是塑造开放空间和瞭望视野的点睛之笔，不仅可以观察全厂样貌，还是撑起面积较小的横向长条建筑的重要担当。

图 7-6 科学管理中心二楼观景平台正视

生产空间中鼓风机房、高低压配电间设置有观察窗，参观者可以在噪声较大的机房外，在不影响操作人员工作的情况下，以更安全的方式和更清晰的角度观察设备运行状况。 可通过鼓风机房观察窗来观察设备及高低压配电间，如图 7 - 7 所示。

（a）鼓风机

（b）配电间

图 7 - 7　通过观察窗看到的设备

生活空间关注的是工作人员，包括厂内的行政管理人员和操作维修服务人员，需要满足他们洽谈、接待、化验、会议、维修、餐饮、沐浴、休憩、储藏等多个功能需求。 在功能排布上，办公空间力求集中，并与生活空间与展示区相对分离，设置有联系的通道组织流线关系。 部分管理和生活空间如图 7 - 8 所示。

（a）外观中控室

（b）细看中控室

（c）会议室

（d）员工餐厅

（e）二层走廊

（f）一层大厅

图 7-8　科学管理中心内的部分管理、生活空间

材料和材料呈现是满足建筑品质普遍性审美的基本需求。材料呈现与材料的自然属性与加工建造方式息息相关。睢县第三污水处理厂周边都是农田，为了平衡污水处理厂和周边农村之间的关系，科学管理中心作为主要单体建筑，统一采用由两个体量上下组合而成，二层体量象征科技，颜色纯净，质感相对细腻，一层体量象征自然，颜色厚重，选择相对粗糙质感的材料来呈现。

　　为提升建筑环境整体的时代感，同时权衡施工工艺和施工成本，外墙材料使用最常用的真石漆❶，但是通过竖向拉纹的施工方式，加重底层建筑的粗糙质感，来匹配"一面科技、一面自然"的设计理念，既能在视觉上彰显整个建筑的高雅与庄重之美，又与周边环境相融合。　图7-9（a）、（b）展示了科学管理中心一层墙面，采用竖向纹理深灰色真石漆墙面，二层主体外墙面采用浅灰色质感涂料墙面，施工用竖向拉纹工具见图7-9（c）、（d）。　窗户采用浅灰色Low-E❷中空钢化玻璃。　通过较大的色彩对比，使建筑造型简单、自由明快，构成风格简约的工业建筑新形象。

（a）　　　　　　　　　　　　（b）

（c）　　　　　　　　　　　　（d）

图7-9　科学管理中心粗糙质感的外墙面和施工工具

---

　　❶　真石漆是一种装饰效果酷似大理石、花岗岩的涂料，主要采用各种颜色的天然石粉配制而成，应用于建筑外墙的仿石材效果，因此又称液态石。

　　❷　Low-E即为Low Emissivity，低辐射镀膜玻璃。

科学管理中心弧线形的建筑设计呼应入口区广场对街道的退让，体现了"舍己从人"的谦谦君子之风，诠释了敞开怀抱满足参观者心里的场所精神。 现代风格的建筑通过体块错落穿插和建筑材质变化，突显虚实对比的效果，使建筑融合于周边的农田环境，形成良好的街道空间；对内统揽全局，成为标志性核心建筑。

三、展厅设置清新脱俗

为加强厂区与参观者之间的互动，营造开放、可接近的环保科普空间，科学管理中心一层设置有环境教育展厅，将科普展示与体验感以立体的视角和顺畅的流线贯穿在整个展厅之中。 环境教育展厅承载污水处理及环境保护知识的科教宣传功能，是科技人员、普通市民及学生的环境教育科普基地、实习基地。

展厅以"星空"为设计理念，划分为六个错落的圆形空间（图 7 - 10），以蜿蜒平面线路为纽带把水处理技术展示区、概念水厂理念区、睢县当地水环境文化展示区、水环境保护概念展示区、国外先进技术案例区等赋予了不同展示理念的独立圆形空间串联成一个整体。

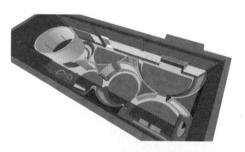

图 7 - 10　科学管理中心一层环境教育展厅

利用可观、可触、可闻等手法将科普教育与体验感贯穿在整个展厅中，帮助参观者更好地参与、理解并体会有关回收、节能、水文化和环境保护等相关知识。如图 7-11 所示，在展厅内还可观察化验室内的景象，并可通过连接至电子显微镜的液晶大屏幕探索微生物世界，强化对试验操作的第一视角感知。

图 7-11 化验室和在展厅内观察到化验室

展厅最为醒目的标题和内涵是"小水厂，大使命"，充分体现了助力中小城市环境梦，创造安全、舒适、可持续的环境的大建设理念。主要模块包括：缺水的中原水城——睢县，中原水问题的水投解决方案，新概念污水厂的水质永续、能量自给，资源循环，环境友好四个追求，污水厂的设备、技术和NEWater 水质，海绵城市介绍，湿地知识，生物多样性，物质良性循环（固废垃圾的危害及潜能），世界先进污水厂案例，参建单位展示和留言即时贴等方面。

展厅用通俗易懂的文字、图文并茂的形式宣传科学知识。如图 7-12 所示为对生物膜的卡通展示，让参观者兴致盎然，记忆深刻。

在物质良性循环的"垃圾革命"版块，通过图 7-13 所示流程展出。构建城乡物质良性循环以全县域为服务单元，建立收集、转化和利用的三级网络体系。让参观者了解到原来垃圾是放错地方的资源，处理代价很大，警醒参观者自觉树立节约意识、防患于未然。

生态环境，用之不觉，失之难存。环境保护必须从增强环境保护意识开始。环境保护意识不是与生俱来的，是要通过教育和培养来造就的。"不学自知，不闻自晓，古今行事，未之有也。"环境科普教育作用不可估量，展厅建设的目的就是传递倡导生态环保的理念，形象直观达到寓教于乐的效果。

― 科普小知识 ―
什么是生物膜？

①生物膜就是附着成长在固体状材料表面的微生物形成的"膜状生物聚集体"

②生物膜的形成首先需要固体状材料

固体状材料

| 生物滤池 |
| 生物接触氧化工艺 |
| 生物转盘 |
| 生物流化床 |

③这些固体材料在生物膜法的各种工艺中有不同的名字

④固体状材料

＋

有机物　　其他

氮　　磷

⑤污水中提供营养物质

＋

各种微生物

⑥有的是污水里本来就有的也有从别处搞来的微生物（成为接种）

生物膜
⑦含有营养物质和各种微生物的污水在固体状材料表面流动微生物会在材料的表面附着和成长就形成了生物膜

⑧细菌们和其他各种微生物们组成了生态系统生物膜对有机物的降解功能达到平衡和稳定就是成熟了在20℃下处理污水时，一般经过30天就可以成熟啦

图 7-12　展厅中对生物膜的形象介绍

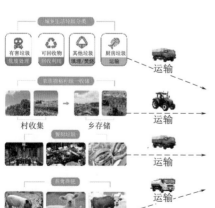

运输

运输

村收集　　乡存储

运输

运输

构建城乡物质良性循环以全县城为服务单元，建立收集、转化和利用三级网络体系，对全县有机废弃物进行协同处理和资源利用。综合解决区域内有机废弃物的污染问题。生产生物天然气和有机肥等资源化产品。

图 7-13　展厅有机废弃物三级网络流程展示

四、污水得以新生

面向未来满足水环境变化和水资源循环利用的需要，污水处理厂建设者首要考虑出水水质。 污水处理中心承载厂区最核心的污水处理功能，同时更需要建立与其他多个功能模块间的有机联系，以共同实现综合性的环境功能。

水质净化是污水处理厂的核心任务，是出水水质可靠、水量可调、水资源可持续追求的本来体现。 睢县第三污水处理厂的水质净化中心位于厂区北侧，水线设计范围主要包括：粗格栅及进水泵房、细格栅及沉砂池、生化池、深度处理单元（包括深床反硝化滤池、反洗水池、巴氏计量槽等）、综合工房（臭氧发生间、加药间、空压机房等）。 水区构筑物土建按远期水处理规模 4.0 万 m^3/d（$K_总 = 1.41$）[1]设计，除一体化生化池构筑物按 2.0 万 m^3/d（$K_总 = 1.49$）处理规模进行设计、配置外，其他设备均按照处理水量 2.0 万 m^3/d（$K_总 = 1.49$）进行配置。 预留二期生化池用地设计为苗圃，保障二期工程建设时对已建成景观环境的最低影响，实现一期工程用地的效益最大化。

水质净化中心主要构筑物一体化生化池和深度处理单元及其采用工艺如图 7-14 所示。 通过深度过滤系统的反硝化深床滤池工艺，出水国控指标优于《城镇污水处理厂污染物排放标准》（GB 18918—2002）一级 A 排放标准。

一体化生化池由初沉发酵池、厌氧＋分段 A/O 及二沉池共壁合建，分为两条处理线并联运行，单座组合池外形尺寸为 27.17m×80.75m×6m，共 2 座（合建）。

污水经旋流沉砂池处理后流入初沉发酵池，初沉发酵池对污水起预水解作用，改善原水的 B/C[2] 和碳源组成，提高后续生化处理单元的有机物利用效率和速率。 初沉发酵池出水重力流至厌氧＋分段 A/O 池进行有机物氧化、脱氮、除磷等多种生物作用，实现污水的生物净化。 二沉池的主要作用为泥水分离，上清液流至后续处理单元，剩余污泥前往泥线，回流污泥返回至生化前段。

---

❶ $K_总$ 为污水量的总变化系数，是指一年中最大日最大时污水量与平均日平均时污水量的比值。

❷ B/C 即 BOD_5/COD，是 5 日生化需氧量与化学需氧量的比值，其是污水可生化降解性的指标。其比值越大，废水可生化性越好，厌氧和缺氧条件下可利用厌氧菌消化废水中的有机物实现水质净化。BOD_5 可间接表示废水中有机物的含量；COD 表示废水中还原性物质的含量（包括有机物和无机性还原物质）。一般采用 BOD_5/COD 的比值（B/C）可以初步判断废水的可生化性：当 $BOD_5/COD > 0.45$ 时，生化性较好；当 $BOD_5/COD > 0.3$ 时，可以生化；当 $BOD_5/COD < 0.3$ 时，较难生化；当 $BOD_5/COD < 0.25$ 时，不宜生化。

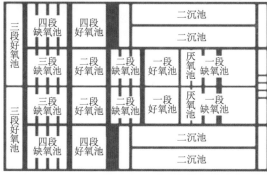

初沉发酵池
■ 尺寸：12.00m×12.00m×6.60m
■ 停留时间：1.9h
■ 表面负荷：2.89m³/(m²·h)

多段A/O
■ 脱氮效率高
■ 碳源的利用率高
■ 污泥浓度高，容积负荷大
■ 生化池停留时间：14h

二沉池
■ 采用平流式沉淀池，刮泥机采用非金属链条式刮泥机
■ 停留时间：2.3h
■ 表面负荷：0.75m³/(m²·h)

（a）一体化生化池

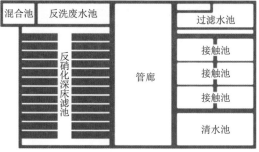

主要构成：
反硝化深床滤池、消毒池、巴氏计量槽、管廊、出水提升水池等共壁合建
总尺寸：
$L×B×H$=37.55m×31.40m×6.20m

反硝化滤池：
■ 尺寸：5.7m×16.00m×6.20m
■ 设计滤速：5.6m/h

臭氧接触池：
■ 设备参数：Q=4kg/h，臭氧浓度10%，一用一备，采用射流投配方式
■ 投加浓度：6ppm
■ 接触时间：22min

（b）反硝化深床滤池

图 7-14　水质净化中心主要构筑物布置及参数

反硝化深床滤池是集生物脱氮及过滤功能为一体的处理单元，是一种脱氮与过滤并举的先进处理工艺。 反硝化深床滤池采用 $2\sim3mm$ 石英砂介质滤料，滤床深度通常为 $1.83\sim2.44m$，滤池可保证出水悬浮物（SS）低于 $5mg/L$。 均质石英砂允许固体杂质透过滤床的表层，深入滤池的滤料中，整个滤池纵深截留固体物的效果良好，避免了普通滤池易出现的表层容易堵塞或板结、失去水头的问题。

在冬季反硝化速率降低时，深床滤池兼有控制出水总氮（TN）的作用。作为反硝化固定生物膜反应器，深床滤池采用特殊规格、形状的颗粒作为反硝化生物的挂膜介质，同时深床又可以很好地去除硝酸氮（$NO_3^- - N$）及悬浮物。 反硝化反应期间，氮气在反应池内聚集，污水被迫在介质空隙中的气泡周围绕行，缩小了介质的表面尺寸，增强微生物与污水的接触，提高处理效果。

深度处理单元中采用臭氧消毒技术。 臭氧（O_3）是氧气的同素异形体，常温下是一种不稳定、具有鱼腥味的淡蓝色气体，微量时具有"清新"气味。臭氧是自然界最强的氧化剂之一，其氧化还原电位仅次于氟；臭氧的强氧化能够导致难生物降解有机分子破裂，通过将大分子有机物转化为小分子有机物，改变分子结构，降低出水中的化学需氧量（COD），提高废水的可生化性。在水处理中，臭氧比氯更能有效地杀死病毒和胞囊，在去除浊度、色度、嗅、病毒及难降解有机物等方面效果明显。 几种最常用的尾水消毒技术综合比较见表 $7-1$。

表 7-1　　　　　　几种最常用的尾水消毒技术综合比较

消毒技术 项目	液　氯	二氧化氯	臭　氧
消毒效果	较好	好	好
除臭去味	无作用	较好	较好
pH 值的影响	较大	较小	小
水中的溶解度	高	很高	较低
THMs[①] 的形成（致癌物质）	极明显	无	当溴存在时有
水中的停留时间	长	长	短
消毒效果持续性	有	一般	少
杀菌速度	中等	快	快
等效条件所用的剂量	较多	少	较少

续表

项目 / 消毒技术	液　氯	二氧化氯	臭　氧
处理水量	大	大	较小
使用范围	广	广	水量较小
氨的影响	较大	无	无
原料	不易得	不易得	一般
管理简便性	较简便	复杂	复杂
操作安全性	不安全	安全	不安全
自动化程度	一般	一般	较高
投资（考虑接触池）	一般	一般	高
设备安装	简便	简便	复杂
占地面积	大	小	大
电耗	低	一般	高
运行费用	低	一般	高
维护费用	低	较低	高
二次污染	一般	较小	小
安全性	一般	一般	一般
消毒设施占地面积	较大	较大	一般

① THMs 为三卤甲烷，Trihalomethanes。在饮用水氯化消毒过程中氯与水中的有机物所反应生成的主要挥发性卤代烃类化合物，包括氯仿、一溴二氯甲烷、二溴一氯甲烷和溴仿，1974 年 Rook 首次在饮用水中监测到。在动物试验中证明具有致突变性和（或）致癌性，有的还有致畸性和（或）神经毒性作用，可引起肝、肾和肠道肿瘤。

　　臭氧消毒不会形成三卤甲烷类或任何含氯消毒副产物，臭氧在水中几分钟后就会重新变成氧气。欧美国家普遍采用臭氧处理饮用水，对污水进行消毒。臭氧消毒可以提高 COD_{cr}、色度和新兴的微量污染物❶等指标的降解率。

　　睢县第三污水处理厂通过常规工艺的协同创造，促进水中氮磷更多向固相污泥转移，保障出水氮磷浓度稳定达标排放，满足补充当地地表水源和景观环境用水等再生回用需求。色调设计特别的巴氏计量槽和出水外观如图 7 - 15 所示。

---

　　❶ 新型的微量污染物主要是指内分泌干扰物（EDCs，endocrine disrupting compounds）、药品及个人护理品（PPCPs，pharmaceutical and personal care products）。

图 7 - 15　色调设计特别的巴氏计量槽和出水外观

　　巴氏计量槽采用天蓝色的设计色调，选用瓷砖加蓝色钢化玻璃叠加，良好的透光性与出水的清澈相得益彰，进一步展示美观高感知的水资源。

　　睢县第三污水处理厂致力于追求面向高品质景观用水的水质需求、基于健康的水质需求、基于美好的感官需求，使出水水质满足水环境变化和水资源可持续循环利用的需要。污水厂出水目前在厂区内湿地循环活化，并用于绿化灌溉、冲厕、道路清扫、消防等，实现零排放。待利民河黑臭水体综合整治和生态修复后，污水厂出水将调配到利民河上游，作为补充水源。

五、污泥变害为宝

　　污水、污泥处理是相伴而行的。如果污泥得不到及时处理，将会导致厂内污泥大量积压，严重影响污水处理厂的正常运营，甚至可能造成污水处理系统的全面瘫痪，从而直接影响到受纳水体的水环境质量。与污水处理技术相比，我国污泥处理技术的相对落后，很大程度上限制了污水处理的有效性和环境状况的迅速改善。基于物质守恒定理，污水处理厂产生的污泥应最终走向社会或自然。

　　睢县农业畜牧业发达，有着丰富的秸秆、畜禽粪便等有机物含量高的资源；特别是畜禽粪便还含有丰富的氮、磷、钾等各种微量元素和活性物质，可被资源化程度高，当与污泥一起进行厌氧处理时能提升产气量，同时提高厌氧消化后沼渣中的营养物质含量。睢县整体水环境治理规划有大面积的人工湿地，而每年在湿地都要进行水草清除工作，水草与秸秆一样有机物含量高。

　　睢县第三污水处理厂有机质处理中心以全县域为服务单元，建立收集、转化和利用三级网络系统（图 7 - 16），目的是对全县有机废弃物进行协同处理和资源化利用，综合解决区域内有机废弃物的污染问题，生产天然气和有机肥等资源化产品。

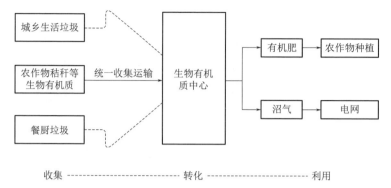

图 7-16 有机废弃物的"收转用"三级网络系统

　　睢县第三污水处理厂从县域长远发展视角出发，综合当地实际，考虑秸秆、畜禽粪便、水草及污泥等多种物料，进行协同处理，有机质处理中心采用 DAN-AS（Dry Anaerobic System）干式厌氧发酵技术，能够回收有机废弃物中的生物质能，产生清洁能源；集中协同处理模式可节省工程投资，形成规模效应，符合"循环利用、节能降耗、安全环保、稳妥可靠"的原则。这种有适度外源有机物协同处理工艺模式和让"污泥搭载粪便的车"的处置方式，可实现污泥无害化、资源化、污染减量化一举三得的目的。

　　有机质处理中心包括有机质处理中控室和生产车间、污泥储池、高干厌氧反应器、物料堆置间、火炬、脱硫塔及增压风机、生物除臭、汽车冲洗平台等（图 7-17）。主要构筑物如图 7-18 所示。污泥脱水系统土建按照远期处理能力 100t/d（含水率 80％）设计，设备按照近期总设计规模为 50t/d（含水率以 80％计）进行配置，污泥储池、沼气脱硫系统、锅炉房、火炬系统土建及设备按照远期处理能力 100t/d（含水率 80％）设计，其他均按近期总设计规模为 50t/d（含水率以 80％计）进行配置。所有厂区道路、管道、电缆等也均按近期需要建设，考虑预留与远期衔接的接口。

图 7-17（一） 有机质处理中心的中控室和车间内实景

图 7-17(二)　有机质处理中心的中控室和车间内实景

图 7-18　有机质处理中心主要构筑物

外源有机物主要是畜禽粪便、生活垃圾、作物秸秆等，这些富含营养物的有机物能在水力、风力等驱动下形成农业面源污染，是导致受纳水体水环境恶化的主要污染物。如果用作污水处理厂良好的碳源和提升污泥产气品质的良好催化物质，就可以实现农业面源污染减量化、氮磷回收资源化、无害化和能量自给低碳化三方面的城乡物质良性循环，有机质处理工艺流程如图 7-19 所示。

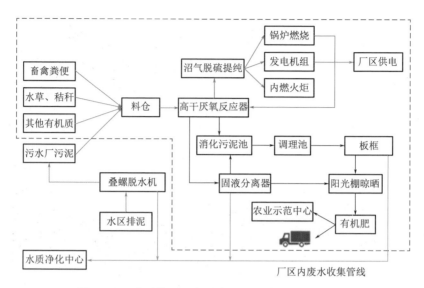

图 7 - 19 睢县第三污水处理厂有机质处理工艺流程

阳光棚是物料好氧发酵堆置间，如图 7 - 20 所示，该系统采用传统条垛式反应形式。污泥、秸秆等物料经过厌氧反应，有机物已降解 50％，剩余的有机物通过 15d 的好氧发酵进一步降解、稳定，最终可作为营养土用于园林绿化或土地改良，从而实现物料的稳定化、资源化、减量化。

图 7 - 20 有机质处置中心的物料堆置间（阳光棚）

　　污泥一直是环保界多年来热议的话题，在"水环境污染防治行动计划"（简称"水十条"）、"土壤污染防治行动计划"（简称"土十条"）和国民经济和社会发展第十三个五年规划等一系列政策的推动下，污泥的无害化处理处置越来越受到行业的高度重视。　污泥处置技术、污泥的去处以及资源化利用问题成为新焦点。

　　睢县第三污水处理厂致力于追求能源高效循环和资源化利用。　目前有机质处理中心选择的畜禽粪便外源有机物来源于当地有机肥厂，生产的有机肥（也称有机肥半成品）又回到有机肥厂的模式，探索解决"污泥搭载粪便的车"的粪便原料和污泥资源化产品的出路问题。　有待形成规模，打造"农户-概念厂-农户"的顺畅路径后实现泥区自给自足，进而有盈余的良好生产规范。

六、空气洁净清新

　　污水处理厂向来因"臭脏吵"让人避之不及，谁都不愿意将污水处理厂建在自家的门前房后。　为破解"邻避效应"难题，政府和社会资本合作，政府和市场两手发力，大中小城市八仙过海，各显神通。　北京市、上海市、深圳市等大城市寸土寸金，可以将污水处理厂藏身地下，建全封闭、半封闭下沉式多层污水处理厂，实现臭气零排放。　污水厂头顶人工景观湖、湿地、公园、绿地、全民健身设施、开放式科普教育基地等，大幅提升项目所在区域的社会、经济、环境价值，传统污水处理厂的"负面效应"，正在转变为鸟语花香的"正能量"，有形的征占正在带来无形的正资产。　考虑到县域的土地优势和财政不足等特点，让污水处理厂在公众视野高调亮相是不错的选择。　适合的就是最好的。

　　污水处理厂产生气味的物质主要由碳、氮、硫元素组成，少数的气味物质有硫化氢、氨、磷等无机化合物，多数气味物质是甲硫醇、甲硫醚、三甲胺等低分子脂肪酸、胺类、醛类、酮类、醚类以及脂肪族的、芳香族的、杂环的氮或硫化物等有机化合物，在污水输送和处理过程中会散发恶臭，影响人们身心健康。

　　污水处理设施中臭气的来源与气味值见表 7 - 2，数据显示，臭气气味值（无量纲）❶较大的地方主要是污水前处理部分（格栅井、泵站集水池、沉砂

---

　　❶　臭气浓度是根据嗅觉器官试验法对臭气气味的大小予以数量化表示的指标，用无臭的清洁空气对臭气样品连续稀释至嗅辨员阈值时的稀释倍数。采用 GB/T 14675—1993 空气质量 恶臭的测定 三点比较式臭袋法：先将 3 个无臭袋中的 2 个充入无臭空气，另 1 个则按一定稀释比例充入无臭空气和被测恶臭气体样品供嗅辨员嗅辨，当嗅辨员正确识别有臭气袋后，再逐级进行稀释、嗅辨，直至稀释样品的臭气浓度低于嗅辨员的嗅觉阈值时停止实验。每个样品由若干名嗅辨员同时测定，最后根据嗅辨员的个人阈值和嗅辨小组成员的平均阈值求得臭气浓度。

池）和污泥处理部分（污泥储池、污泥脱水机房等），曝气池臭气值较低。

表 7 - 2　　　　　　　　　　臭气的来源与气味值

序号	名　　称	气味值（无量纲）	波动范围
1	进水	45	25～80
2	格栅井、泵站集水池	85	32～136
3	沉砂池	60	30～90
4	一般负荷曝气池	50	21～101
5	延时曝气法曝气池	30	10～43
6	二沉池	30	12～50
7	二沉污泥提升	45	26～82
8	生污泥储池	200	30～800
9	消化污泥储池	80	35～240
10	污泥脱水机房	400	50～770

　　睢县第三污水处理厂的水质净化中心的初沉池产生臭气较大，上面都加盖了"大罩子"，"大罩子"上的管道负责将收集的臭气输送到生物除臭装置。如图 7 - 21 所示为初沉池上采用的反吊膜加盖密封臭气收集装置。

图 7 - 21　睢县第三污水处理厂初沉池采用的反吊膜加盖密封臭气收集装置

　　污水和污泥处理过程中产生不愉快气味的物质都带有活性基团，容易发生化学反应，特别是当活性基团被氧化后，不愉快气味就会消失，这也是生物除臭工艺的基本原理。生物除臭利用微生物在纤维或多孔材料表面形成的生物膜，吸附、吸收和降解恶臭气体成分，并将其转化为无毒、无害、无味的简单物质。选择有机或无机材料作为微生物膜的载体，将人工筛选的脱臭微生物固定于生物过滤器内，利用风机将臭气输送至加湿保温系统，通过含有丰富微生物的过滤介质，完成吸附、吸收和降解过程。　处理后的清洁气体经过风机和排风管高空排放。

睢县第三污水处理厂共采用三套生物除臭装置（图 7 - 22），一套用于处理水质净化中心产生的臭气，两套用于处理有机质处理中心产生的臭气，分别处理有机质处理车间和阳光棚的臭气。

（a）水线

（b）泥线

图 7 - 22　水线及泥线设置的生物除臭装置

另外，污水处理厂主要产生噪声设备是鼓风机、水泵等，考虑从声源上和传播途径上采取降低噪声的防治对策。　而控制声源是降低噪声最根本和最有效的方法。　选择低噪声、低振动、高质量的鼓风机、水泵、电机等设备；加强设备基础的隔振措施；单独设置良好动平衡的隔声鼓风机房和隔声处理的泵房，风机入口采用地下廊道式，并对风机进、出口安装消音器；设置隔声观察室，设备运行通过仪表和观察室来监控，在需要检查时工作人员要带隔音护耳进入现场；加强设备日常检修和维修，保证设备正常运转。

睢县第三污水处理厂在产生臭气、噪声的构筑物周围和厂界处设卫生防护距离，种植绿化防护林带，进行高低错落、多排种植，降低环境影响，力求做到空气清洁、环境清静、与民和谐的市政基础设施，用实际行动破解传统环境基础设施的"邻避效应"难题。

第三节　细节决定成败

作为面向未来的污水处理概念厂，睢县第三污水处理厂在水质、能源、资源、环境方面有着自身特定的阶段追求。在工艺方案选择、管材部件的定制化、规范化和导视系统构建、人行流线设计等方面进行了富有创意的积极探索。

一、稳健的工艺选择

污水处理工艺是保障污水处理厂出水水质的关键，处理工艺和实际情况的吻合度直接关系到出水水质是否稳定，工艺流程是否顺畅，运行成本是否可控，管理模式是否高效等。水质净化中心和有机质处理中心的工艺方案遵循如下原则进行选择和确定。

（1）可靠性原则：优先选用技术成熟可靠、处理效果稳定、耐冲击能力强的处理工艺，保证出水水质达到氮磷的极限处理，实现既定的面向未来的出水水质目标要求。

（2）先进性原则：积极采用具有一定中试或工程经验的新技术、新工艺，并通过工程实施积累新工艺新技术的建设、运行管理经验，进而向社会推广。充分体现概念厂的前瞻性、示范性。

（3）节能、资源化原则：积极采用资源化、能源化新技术、新工艺，充分展现概念厂资源化、能源化的追求。

（4）环境友好原则：做到和谐融入周围环境，建设以人为本，可持续发展的环境友好污水厂，打破传统污水厂在社会的固有形象，展现概念厂的新风采。

（5）适用性原则：运行调节灵活，对水质有很好的适应能力，可根据不同的进水水质和出水水质要求，调整运行方式和工艺参数，最大程度地发挥处理装置和处理构筑物的处理能力。

（6）经济性原则：在满足以上要求的情况下，仍需要保证基建投资和运行费用尽可能低，实现较高的工程投入效益比。

经过多种工艺方案优化对比，睢县第三污水处理厂最终选择初沉发酵池＋多段 A/O 的低碳氮脱氮除磷工艺＋深度反硝化滤池＋臭氧消毒的联合工艺。详细的工艺流程如图 7-23 所示。

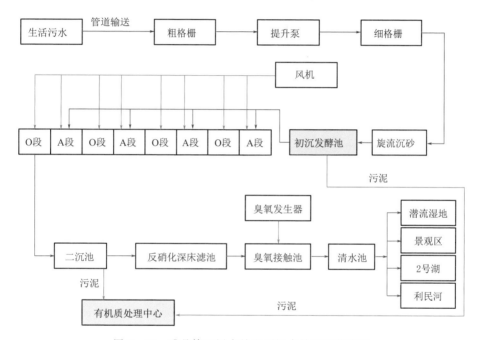

图 7-23　睢县第三污水处理厂污水处理工艺流程

污水处理后满足《城镇污水处理厂污染物排放标准》（GB 18918—2002）一级 A 排放限值要求及《惠济河流域水污染物排放标准》（DB 42/918—2014）排放限值要求，也满足《城市污水再生利用　城市杂用水水质》（GB/T 18920—2002）标准。

与具有百年历史的污水处理活性污泥法工艺相比，在我国，厌氧发酵技术无论干式和湿式，在污水处理项目可行性研究报告阶段，多以厌氧消化管理复杂、我国污泥有机质含量低等理由被剔除，即使建成，总体运行效果也不佳。 相对湿式厌氧技术，干式厌氧技术具有产气率高、预处理简单及运行费用低等一系列优点，加上我国的有机废弃物有机质含量低、成分复杂、杂质多，干式厌氧发酵技术在处理这类固废上更具潜力和优势。

干式厌氧发酵技术在处理有机固废方面因其有机负荷率（Organic Load Rate，OLR）高、容积产气率高、处理效果好、节约用水、后处理简单及运行费用低等诸多优势，逐渐受到国内外广大研究者、行业公司关注。2002年开始进入工业级别、实际运行工作的干式厌氧发酵技术在我国还处于起步阶段。

睢县第三污水处理厂采用干式厌氧发酵技术＋滚筒好氧发酵堆肥＋沼气提纯等工艺将有机废弃物转化为天然气、有机肥。"卧式一体化反应器"和"长轴大浆叶搅拌器"为核心设备的DANAS干式厌氧发酵技术，显著提高了有机质处理效率，产生清洁能源沼气，可满足厂区20％～30％的能耗，实现物质的良性循环和资源化运营。污泥厌氧消化产生的沼气中65％～70％为甲烷（体积），热值在22400～35800kJ/N·m³，选用沼气热电联产技术回收这部分能源。干式厌氧发酵技术核心设备、发电机组、火炬如图7－24所示。

（a）核心设备

（b）发电机组

（c）火炬

图7－24 干式厌氧发酵一体化反应器和发电机组及火炬

沼气热电联产项目在系统稳定产生沼气后，除用于补充系统自身热量消耗而燃烧的沼气外，剩余沼气进入沼气发电单元，将沼气燃烧产生的热能转化为电能。 沼气发电的过程中会产生较多的高温热水和高温烟气，通过热电联产将高温热水和烟气中的热量回收利用，作为沼气锅炉补水的预热，提高能源利用率，降低运行成本。 据测算，每 3t 有机废弃物可以生产 1t 有机肥，每日可生产 2000 多 m^3 沼气，每 m^3 沼气可以发电 2kW·h，实现有机废弃物资源化利用。

二、管材部件定制化

百年大计，质量为本。 在建筑人员专业技能、管理人员业务素质、作业人员道德水准、建材市场鱼龙混杂的情况下，为保证工程施工质量，完美实现设计、设想的"高品质、高审美"建筑品质，最大程度减少建造阶段的人为不良影响，缩短施工时间，项目设计团队一方面精心挑选经验丰富的土建施工方、安装施工方、精装修施工方、外墙施工方、门窗施工方、展厅施工方、中央空调施工方等参建单位；第二方面专注于多专业协同作业，对于施工中涉及多种工艺和专项的配合衔接，及时根据施工现场情况对图纸进行深化调整和密切配合，根据要求对施工技术进行创新；第三方面借助工业化、装配式生产解决过程中的质量隐患。 施工过程中的一些工作草稿以及实际呈现如图 7-25 所示。

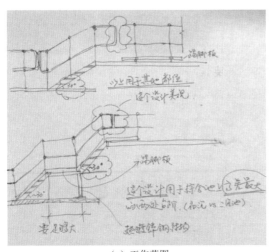

（a）工作草图　　　　　　　　　　　（b）建成情况

图 7-25　拼装化栏杆

考虑到现场焊接栏杆对工业质感的影响，在设计厂区栏杆时比选了多种方案，认为现场组装、无需焊接的拼装式栏杆最能体现设计理念。 通过互联网搜寻，最终找到一家专做各种栏杆连接件的英国公司，他们的主要产品便是拼装式构件，可应用到工业车间、民用建筑甚至家具上，美观大方，拼装简易。 选用的球头铸铁连接件，可直接拼装；部件经热镀锌处理，外表美观，防腐效果极佳。 如图 7 - 26 所示，拼装化栏杆完美呈现了设计追求的工业质感。

图 7 - 26　工业灯具和栏杆的一体化安装

电气桥架、管道成品支吊架"上进上出式"的电气柜连接方式（图 7 - 27）新颖美观，可以有效防鼠、防水；壁装及吊装式照明，照度高，不仅方便工人对设备的操作保养，也方便对灯具进行例行检修。

支吊架制作方式的不同决定了其承载能力和施工质量的差异，随着科技的进步和发展，成品支吊架应运而生。 在睢县第三污水处理厂，通过对各个专业的管道综合设计和标准化的构件组合，形成了统一的管道支吊架系统。

好的设计是抚慰人心的，是关注人的需求的。 经过与国内知名污水处理项目、设备厂家及行业知名专家进行深入交流和探讨，定制出睢县第三污水处理厂装备部件，极具操作便利性和专属美感。 专属电缆沟盖板和井盖，以及外形美观与景观方案协调统一的成品排水沟等定制产品如图 7 - 28 所示。

成品排水沟自身排水能力强，对地面开挖深度和宽度等尺寸要求较传统排水沟大大缩小，在覆土受限的地面或屋面的使用中体现了不可替代性的优势，既满足排量，又解决覆土受限问题。 睢县第三污水处理厂前广场铺设的是缝隙式排水沟，车间铺设的是树脂排水沟，安装简单，易清理。

图 7-27　电气桥架和管道成品支吊架系统

（a）专属盖板　　　　　　　　　　　（b）管道支架

图 7-28（一）　污水厂专属盖板、支架和成品排水沟

175

（c）缝隙式排水沟

（d）树脂排水沟

图 7 - 28(二)　污水厂专属盖板、支架和成品排水沟

三、细微之处个性化

创意的对象未必是庞然大物，一些细小甚至易被忽视的地方更值得琢磨。日常生活中常见的雨水管，可以改变一根塑料（PVC）或铝合金管材从建筑物顶部到地面垂直铺设的方式，经过单独创意设计和创造性安装，采用不锈钢304❶材质钢管，现场切割焊接安装，形成如图 7 - 29 所示的雨水管形态。 稍花心思就可让普通雨水管兼具功能性和美观性，使造型生动形象起来。

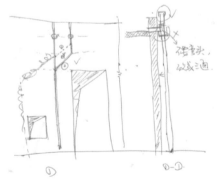

图 7 - 29　个性化雨水管工作草图及实际建成情况

---

❶ 不锈钢 304 是按照美国 ASTM（美国材料实验协会，American Society of Testing Materials）标准生产出来的一个不锈钢牌号，广泛用于制作要求良好综合性能（耐腐蚀和成型性）的设备和机件。

　　厂区导向标识增加了空间场所的节奏感。 区配厂区的人行流线理念。 融合厂区工业建筑的线条、蜿蜒曲折的近自然水流及水面曲线，因地制宜、井然有序布设导向标识系统和结构形式如图 7-30 所示。 通过合理安置导向标识和色彩协调搭配，可强化车辆驶过和行人通过时的视觉感受，加强交通岛的识别和指引功能。导向标识系统与厂区内景观的和谐并存，成为具有指引功能的景观小品。

图 7-30　厂区内形态各异的导向标识

　　为实现参观-生产的有机一体化，基于参观不影响生产的理念，在常规池体上方的通道设计上，加宽主要参观通道，满足瞬时人群较高的情况，栏杆安装时结合工业灯具布置，将线杆和栏杆一体化安装，节约空间，实现系统化设计和整体性布设。 生化池上参观通道均摒弃直角转角的设计，采用弧形转角，如图 7-31 所示。

　　无论是行业专家还是小学生，都能在睢县第三污水处理厂切身体验到对审美的本能需求，对新鲜事物的猎奇心理，以及在互动中渴望共鸣的心态的满足。如图 7-32 所示小学生体验科普教育和郊野游玩的景象。

　　工程的成败不仅取决于建设、生产的速度，更取决于细节上是否足够完善。打动人心的设计，一定是关注人的需求的。 睢县第三污水处理厂通过稳健的工艺选择，提供了周边自然河流补水、农业浇灌用水、城市杂用水，满足水质需求，提供了污泥资源化、能量回收自用、建筑和谐、环境互通、社区友好、感官舒适的尝试路径，基本体现了中国城市污水处理概念厂的"四个追求"。

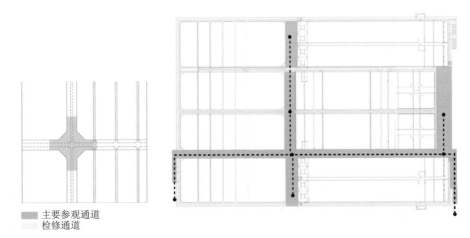

图 7 - 31 一体化生化池参观通道设计

图 7 - 32 社会和环境友好的睢县第三污水处理厂

第四节 近自然营造海绵体

水是城市灵性的载体和城市健康的晴雨表。 生态文明建设战略、绿色发展理念指引城市建设要尊重自然、顺应自然、保护自然，还自然以宁静、和谐、美丽的本来面目。 水流畅通、水量充裕、水质洁净、水体自由的尝试探索让睢县第三污水处理厂厂区弹性十足。

一、污水净化活水来

"半亩方塘一鉴开，天光云影共徘徊。 问渠那得清如许？ 为有源头活水来。"宋朝朱熹（1130—1200 年）《观书有感》一诗形象地描绘了半亩方塘水生态环境的系统之美。 睢县第三污水处理厂的"如许亭"寄予了建设者们的美好愿望，如图 7 - 33 中所示为如许亭。

（a）如许亭

（b）亭台下尾水出水口

图 7 - 33　睢县第三污水处理厂如许亭及亭台下尾水出水口

　　湿地尾水水口藏于室外"如许亭"台下缘，呈瀑布状跌落至池中，展示尾水出水的性状并形成一处观赏景观。

　　厂区水生态系统主要包括尾水人工湿地试验区和海绵城市试验区两大部分。湿地是指位于陆生生态系统和水生生态系统之间的过渡性地带，素有"地球之肾"美誉，土壤浸泡在水中的特定环境生长着很多特征植物，也是许多水禽的繁殖和迁徙之地。

　　尾水人工湿地试验区占地 $3700m^2$，靠近污水处理中心的位置，在地形处理方面，通过设计成类似自然河流湿地生态系统的迂回结构，延长尾水停留时间，在有限空间区域内最大程度展示尾水活化概念。厂区人工湿地日处理尾水 $200m^3$。建成一年时间已有白鹭落脚，如图 7 - 34 所示。

图 7-34 睢县第三污水处理厂人工湿地引来的飞禽

尾水人工湿地试验区采用向上流垂直潜流人工湿地为核心净化工艺，未经消毒处理的过滤水，通过向上流布水方式，流经人工湿地进入厂区陂塘，试验性示范人工湿地对尾水的净化效果。潜流湿地实际上是包含植物＋填料＋微生物系统的复合人工池体，尾水流经潜流湿地，不使用电力和药剂，而是通过植物＋填料＋微生物复合生态系统中物理、化学和生物三重净化协同作用去除污染物，实现对污水的高效净化。如图 7-35 所示为设计图和人工湿地实景。

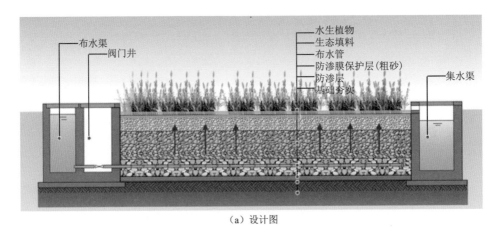

（a）设计图

图 7-35（一） 睢县第三污水处理厂采用的人工湿地设计和实景

（b）实景

图 7 - 35（二） 睢县第三污水处理厂采用的人工湿地设计和实景

终点又是起跑线。 污水是水资源的终端，也是水资源的发端。 城市供水、排水、污水处理、中水回用等城市水系统让城市生活美好、无忧，但城市水系统较自然水循环"刚性有余，韧性不足"。

二、雨水海绵有韧性

城市巨大的不透水地面在应对降水径流、面源污染等方面存在空间不足，自净乏力，造成水资源短缺、水生态损害、水环境污染、水灾害频发等"城市病"。 针对自然水循环中的雨水在城市无处安放、肆虐成害情况，睢县第三污水处理厂选择 10000 余 m² 进行海绵城市示范建设，对厂区内的雨水进行综合利用。

海绵城市建设是基于低影响开发（Low Impact Development，LID）理念，遵循自然规律，优先利用自然排水系统与低影响开发设施，实现雨水的自然积存、自然渗透、自然净化和可持续水循环，提高水生态系统的自然恢复能力，维护城市良好的生态功能❶。 海绵城市实质上是一种基于生态的雨洪管理方法，

---

❶ 引自住房和城乡建设部的《海绵城市建设技术指南——低影响开发与水系统构建》，2014 年10 月。

利用植被网络等软质工程来管控、处理区域内雨水径流，通过渗透、过滤、储存、蒸发、蒸腾等生态过程来维持场地开发前后的水文平衡，包括径流总量、峰值流量、峰现时间等。

传统的"管道-水池"城市排水基础设施主要利用集雨口、管道、路缘石以及沟渠将雨水径流收集、转运，一排了之，眼不见为净。而低影响开发设施则充分发挥分散布局式的绿地、道路、水系、地形等对雨水的吸纳、蓄渗和缓释作用，使土地开发建设后的水文特征接近开发前，加大城市径流雨水源头减排的刚性约束，综合采用源头削减、中途转输、末端调蓄等多种手段，通过渗、滞、蓄、净、用、排等多种技术，让城市像"海绵"一样有"弹性"，实现城市良性水文循环。

商丘市是河南省住房和城乡建设厅、省财政厅、省水利厅 2016 年确定的 8 个省级"海绵城市"试点之一❶。河南省人民政府办公厅《关于推进海绵城市建设的实施意见》（豫政办〔2016〕73 号）提出"海绵城市建设要求作为城市规划许可和项目建设的前置条件，保持雨水径流特征在城市开发建设前后大体一致。将海绵城市相关工程措施作为建设工程施工图审查、施工许可的重点审查内容，将低影响开发雨水设施纳入施工监理范围；工程竣工验收报告应明确海绵城市建设相关工程措施的落实情况，并报相关主管部门备案。"

睢县第三污水处理厂在规划和初步设计阶段，就积极响应海绵城市建设要求，遵循低影响开发理念，明确厂区规划，设计海绵城市试验区，如图 7-36 所示。

初步设计中，主要采用的低影响开发设施有雨水湿塘、下沉式绿地、雨水花园、透水铺装、绿色屋顶、植草沟和植被缓冲带等。强化"渗"，避免地表径流，减少从硬化地面、路面汇集到管网里，兼具涵养地下水，补充地下水的功能；还能通过土壤净化水质，改善微气候。强化"蓄"，将雨水留下来，尊重自然地形地貌，使降雨得到自然散落，把降雨蓄起来，以达到调蓄和错峰。强化"滞"，延缓短时间内形成的雨水径流量，通过微地形调节，让雨水慢慢地汇集到一个地方，用时间换空间，可以延缓形成径流的高峰。蓄积的雨水能够供给植物利用，减少绿地的灌溉水量。

---

❶　河南省住房和城乡建设厅，河南省财政厅，河南省水利厅，河南省海绵城市建设试点城市名单公示．2016 年 5 月 25 日。郑州市、洛阳市、平顶山市、安阳市、焦作市、濮阳市、许昌市和商丘市进入试点名单。

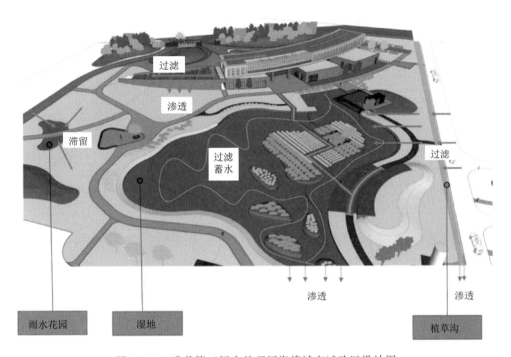

图 7-36　睢县第三污水处理厂海绵城市试验区设计图

厂区主环路和广场雨水排放以自然排水为主，雨水排向周边绿地或通过场地出入口排向周边道路。内部景观庭院广场、道路铺地采用透水砖构造，主要绿地设计标高低于道路，以下沉式绿地呈现，利于雨水的自然渗透。

雨水湿塘和景观是相互依存、相互连通的生态空间，它们共享土壤、水、植被和地形等。旱时雨水湿塘为小型花园，降雨径流汇入后形成观赏景观池塘，并减缓径流、分散径流、渗透雨水，令雨水蓄、滞后成为资源而非环境负担。厂区采用的雨水湿塘结构如图 7-37 所示。

植草沟和植被缓冲带是一个开放式的、由植被缓坡组成的、用来处理和传输雨水径流的沟渠和地表植被空间，如图 7-38 所示。它通过将雨水滞留下渗来补充地下水并降低暴雨地表径流的洪峰，还可通过吸附、降解、离子交换和挥发等过程减少污染。其中浅坑部分能够蓄积一定的雨水，延缓雨水汇集的时间，土壤能够增加雨水下渗，缓解地表积水现象。植草沟作为一种具有雨水处理功能的明渠，在雨水径流传输过程中对其进行自然过滤、净化；植被缓冲带，用于道路等不透水面周边，可作为滨水绿化带。这两项低影响开发设施的建设与维

图 7-37 睢县第三污水处理厂采用的雨水湿塘结构

护费用低廉，易与景观结合，还可降低对地下雨水管网的建设需求，降低单位面积土地开发成本。

科学管理中心建筑东侧屋顶呈斜坡状下跌，一方面强化建筑水平线条的延伸感、亲地感，另一方面顺势形成波形雨水花园，起到收集、处理屋顶雨水的海绵体功能，如图 7-39 所示。

（a）植草沟

图 7-38（一） 睢县第三污水处理厂植草沟实景和剖面图展示

（b）剖面图展示

图 7 - 38（二） 睢县第三污水处理厂植草沟实景和剖面图展示

图 7 - 39 科学管理中心波形绿色屋顶

　　睢县第三污水处理厂低影响开发系统构建的基本原则是规划引领、生态优先、安全为重、因地制宜、统筹建设，通过设计场地特点，调节工业设施的视觉影响，引入功能性湿地、尾水活化系统、人工浮岛等合力构建水良好生态系统，不但满足了水质再净化的需求，同时也满足了公共娱乐、陶冶情操和环境教育等多需求，共同绘就了一幅美丽宜人的生态画卷。

第八章

未来愿景

> 问题就是时代的口号，是它表现自己精神状态的最实际的呼声。一个问题，只有当它被提出来时，意味着解决问题的条件已经具备了。

——卡尔·马克思

第一节 久久为功四个追求

我国当前面临的生态环境问题，归根结底是一个时期以来的快速工业化、城镇化进程中对资源过度开发、粗放使用、奢侈浪费造成的。水安全、能源消费、资源匮乏、基础设施"邻避"等问题影响着我国的经济可持续发展和社会和谐稳定。中国污水处理概念厂的"四个追求"应该是不断丰富和发展的。

一、互联互通水循环

我国水安全已全面亮起红灯。水已经成了我国严重短缺的产品，成了制约环境质量的主要因素，成了经济社会发展面临的严重安全问题。

2013 年，我国首次举行中央城镇化工作会议，要求坚持生态文明，着力推进绿色发展、循环发展、低碳发展，尽可能减少对自然的干扰和损害。 2014 年，《海绵城市建设技术指南——低影响开发雨水系统构建》发布，大力推进建设自然积存、自然渗透、自然净化的"海绵城市"。

2014 年，十八届中央财经领导小组第五次会议，专题研究我国水安全战略，明确提出"节水优先、空间均衡、系统治理、两手发力"的新时期水利工作思路。

2015 年，《水污染防治行动计划》《城市黑臭水体整治工作指南》印发，全面打响水污染防治攻坚战；2017 年，《住房城乡建设部关于加强生态修复城市修补工作的指导意见》要求全面开展治理"城市病"的生态修复、城市修补的"城市双修"工作。

2019 年 9 月 18 日，黄河流域生态保护和高质量发展上升为国家战略，强调把水资源作为最大的刚性约束，要坚持"以水定城、以水定地、以水定人、以水定产"。

中国城市污水处理概念厂的提出契合了国家水安全战略，是响应国家"要大力增强水忧患意识、水危机意识，从全面建成小康社会、实现中华民族永续发展的战略高度，重视解决好水安全问题"的实战操作，也是新时期治水思路的践行者。

让江河湖泊休养生息，要有足够的生态基流补给供应水体，保证水体具有自净能力。 为得如许清渠，须有充足、健康的活水，概念厂无疑是我国水情条件下，提供活水的重要"源头"和最佳选择，在某些情况下，可能是唯一的选择。

水是生命之源，生产之要，生态之基。 确保有水满足生产、生活、生态需要。 这也是概念厂的首要目标——水质永续，提质增效。

二、自给自足碳减排

能源问题是影响我国经济社会发展的全局性、战略性问题，必须系统谋划和长远考虑。 2014 年，《能源发展战略行动计划（2014—2020 年）》提出了节约优先、立足国内、绿色低碳、创新驱动四大战略方针，并要求转变能源消费理念，树立勤俭节约的消费观，严格控制能源消费总量过快增长，切实扭转粗放用能方式，不断提高能源使用效率，加快建设能源节约型社会。

能源消耗会使温室气体（主要是二氧化碳、甲烷、氧化亚氮和其他化合物）释放到大气中，导致全球气候发生变化，带来较严重的负面影响。 我国遵守

《联合国气候变化框架公约》和《巴黎协定》，坚守国际承诺，坚持"共同但有区别的责任"原则，保护环境，应对气候变化。据核算，2018 年我国碳排放强度比 2005 年累计下降 45.8%，提前完成了 2020 年碳排放强度比 2005 年下降 40%～45% 的国际承诺。

根据能量守恒定律，能量既不会凭空产生，也不会凭空消失，它只会从一种形式转化为另一种形式，或者从一个物体转移到其他物体，而能量的总量保持不变。概念厂是富含有机质的能源工厂，剩余污泥经厌氧发酵后生产沼气可发电、供热，能减少或满足概念厂运营所需的电网受电量，有效降低污水厂实际运营电能、热能等能耗成本。生产可再生能源是企业减少能源消耗和温室气体排放的最佳实践。

环境是民生，蓝天是幸福。通过节能减排，顺应能源大势之道，助推我国到 2020 年应初步构建并在 2030 年基本形成"安全、绿色、高效"的能源系统。这也是概念厂的存在要义——能量零增，自给有盈余。

三、节约集约物低耗

节约资源是保护生态环境的根本之策。全面建立资源高效利用制度是一个关乎全局和长远的顶层制度设计。我国向来崇尚勤俭，厉行节约。我们要维护资源安全，大幅降低能源、水、土地消耗强度，大力节约集约利用资源，推动资源利用方式根本转变，加强全过程节约管理。

根据质量守恒定律，参加化学反应的各物质的质量总和等于反应后生成的各物质的质量总和。物质不灭，一旦进入生产过程，物质只能进行固态、液态、气态的相互转化，而不能遁于无形。这也是节约优先、节约资源、回收资源、物质循环等理念的客观依据。

我们每天都在经历着水处理技术的革新，水处理厂也总被要求进行诸如提标、提效、规模、移迁等升级改造。概念厂可以通过合理设计，采用新工艺、新技术、新方法、新材料、新装备等，科学减少化学药剂和工业碳源使用，均衡液态、固态、气态物质的产生量和排放量。全生命周期考虑概念厂的"生老病死"，让建筑经久耐用，管件便于维护，建设用地集约，生产设备和装备尽量长期使用，续用时融入创新，淘汰后可作工业遗产加以保护，全面提高资源利用的系统效率。

用得好、用得久、用得上、用得少不仅是节约，更是文化。未来的概念水厂可以成为城市资源流、信息流的聚集地，承载着污水处理厂从传统的"灰色处理"工厂到未来的"绿色再生"工厂的历史使命。

概念厂重视在资源开发利用过程中减少对生态环境的损害，更加重视资源的再生循环利用，追求用最少的资源环境代价取得最大的经济社会效益；构建概念厂在生产、运维过程中的减量化、再利用、资源化、无害化经济，这也是概念厂的高阶目标——资源回收，物质再循环。

四、城乡生态综合体

城乡生态综合体是"中国城市污水处理概念厂"在发展过程中的概念延伸，是新时代生态文明建设下对世界污水处理形态、功能、角色的一次中国式超越。生态综合体是城市对农村、农业、农民的反哺，是解决城乡结合部环境"脏乱差"现象和城市基础设施"邻避"困境的突破口；是基于可持续发展理念，为中小城市近郊区域量身定制的一个生态产品。

它是以概念厂（或其他环境基础设施）为核心、以生态景观为环境基底、以服务现代农业为主要功能的有机组合，是可以实现物质良性循环、能量合理利用、功能互相融合的生态区块，服务覆盖面积是污水处理概念厂周边半径 1～3km 的范围。

在整个生态区块中，污水处理概念厂弥合了传统城市污水处理与农业面源污染控制割裂的鸿沟，是真正全面协同的污染物削减控制。 概念厂为生态综合体提供水、营养、能量等动力；生态综合体消耗并利用概念厂的水、污泥、有机肥等资源，形成区域开放性良性物质循环。 污水处理厂不再是一个废水处理终端，取而代之的则是提供生态服务功能的开始。

生态景观集合地形、水体、植被等自然环境要素，将建筑外观、室内装饰、工业设施、景观小品等紧密融合，营造工程与自然共生的和谐环境，成为迥异于普通城市公园的特色休闲观光场所。

现代农业方面将打造污水处理技术示范与研发基地、城市生态示范基地、循环经济示范基地、环保科技教育基地、城市特色景观公园、农业旅游观光等多功能并存的"城乡一体化"共享模式，彻底将污水厂由现在的能耗高、占地大、感官体验差的生态"负资产"转变为"生产、生活、生态"共融的"正资产"。

城乡生态综合体是尊重自然、顺应自然、保护自然的实践成果，以求实现生产发展、生活富裕、生态良好的共赢局面；共建共治共享人与自然生命共同体，让天蓝地绿水清常在。 这也是概念厂的终极目标——环境友好，生态正资产。

第二节 创想管理在路上

睢县新概念污水厂是中国污水处理探索制作的第一个"小板凳"，虽然稚拙，却具有了中国污水处理概念厂1.0的基本特征，跌跌撞撞地达到了中国污水处理概念厂的初阶追求，宛如一粒种子落地、发芽。有经验也有教训，更有无限的创新在等着。

一、问题导向多方协作

睢县新概念污水厂的成功源自智慧，智慧源自碰撞，碰撞源自交流。我国历来有"九龙治水"之困，比上天难，治水不单纯是个经济问题，还是政治问题，必须通过科学技术解决问题。钱学森曾说过，比起治理黄河来，人造卫星就是一件简单的事了。

生态文明理念，让我们寻求解决水问题时，不再"头痛医头，脚痛医脚"。认识到污染在水里，根子在岸上，需要用整体观、系统观"治未病"，统筹谋划上下游、干支流、左右岸，共同抓好大保护，协同推进大治理。

睢县新概念污水厂是坚持问题导向、目标导向、结果导向、市场导向，在一次又一次的探讨中，睢县第三污水处理厂成为睢县新概念污水厂，成为中国污水处理概念厂1.0。

睢县有"中原水城"的美誉，县城主要水系和新概念污水厂选址见图8-1。但由于长期以来人们对经济规律、自然规律、生态规律认识不够、把握失当，把水当作取之不尽用之不竭、无限供给的资源，把水看作是服从于增长的无价资源，只考虑增长，不考虑水约束，没有认识到水是生态要素，承载能力是有限的，是有不可抗拒的物理极限的。加上基础设

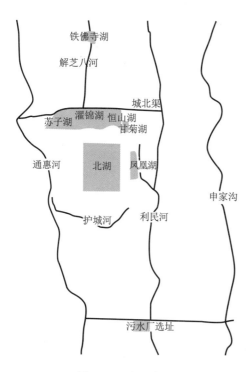

图8-1 睢县水系

施处理能力与经济社会发展不相匹配，水环境问题积蓄已久。

2016 年 9 月，睢县北湖突然漂浮大量死鱼，引发当地政府、群众高度关注。睢县政府委托为睢县第一污水处理厂提供提标改造服务的中持股份予以研究解决。

成立于 2009 年的中持股份以"创造安全、舒适、可持续的环境"为使命，他们迅速行动，通过资料收集、走访调查、实地踏勘、采样分析，发现北湖水问题是"借道"利民河补水造成的。利民河像大多数中原城市河流一样，无自然清洁水源补给，常年收纳城市沿河两岸的生活污水，严重黑臭，是名副其实的城市"下水道"。睢县北湖及周边湿地每年需要借用放空的利民河干渠引黄河水补给。

睢县城区东侧无生活污水市政管网和污水处理厂，沿线生活污水几乎均直排入河。规划的睢县第三污水处理厂尚未开始建设。

近年来，睢县为彰显"中原水城"地位，接连开发恢复了 5 个卫星湖，对水资源是只索取不回报，水不循环，河无连通，水体得不到补给，成无源之水，无本之木，水环境恶化。

解决睢县水问题，必然治理利民河黑臭、县城东侧的污水管网铺设和新建第三污水处理厂。但截污纳管后，利民河无水可收，就成干河了，利民河的水源从何而来？中水再生利用是实现污水资源化的有效途径，于是利用县城北部产业集聚区污水厂中水和第三污水处理厂中水成为必选方案。

最初的设想是，睢县产业集聚区污水处理厂提标改造后的中水流入濯锦湖湿地，同时将睢县第三污水处理厂的出水经管道泵送至濯锦湖湿地，两股中水经过濯锦湖湿地的深度处理单元后，排放至利民河上游河道里，为利民河湖提供生态基流，这个设想让所有人为之兴奋，但是问题再次出现。

政府和群众怀疑产业集聚区废水处理后的水质保障，认为用此水无异于饮鸩止渴，水质安全风险谁来负责？泵送第三污水处理厂中水需要增加 8km 的管道，增加的投资谁来买单？一分钱难倒英雄汉，政府人员和行业专家各执己见。中持股份坚持利用中水补给水源，几番讨论，最终放弃产业集聚区工业废水处理后的中水回用，采用睢县第三污水处理厂的中水补给利民河生态基流的方案。

这个方案对睢县第三污水处理厂的出水水质和稳定性提出了较高要求。中持股份作为宜兴城市污水资源概念厂的主要实施主体，考虑睢县城东新区的未来规划和发展前景，认为睢县第三污水处理厂必须建成一座面向未来 10 年乃至 30 年的基础设施，这不就是中国污水处理概念厂的追求吗？县情、水情和实

191

情，搭载信息快车，与中国城市污水处理概念厂专家委员会的理念自然匹配，睢县新概念污水厂呼之欲出。

2017年9月和2017年12月，中持股份与睢县住房和城乡规划建设管理局分别签订《睢县产业集聚区污水处理厂提标及扩容项目项目总承包合同》和《睢县第三污水处理厂（新概念污水厂）项目总承包合同》，以下简称"两个总承包合同"，实行工程建设项目的设计、施工、设备采购安装及调试等全过程承包。包括初步设计、施工图设计及其深化、修改等设计任务；建筑、装饰、厂区道路以及强弱电、景观绿化、消防、暖通、除臭、厂区管网等施工；工艺设备、电气自控及仪表设备的采购、安装及单机试车、联动试车、试运行，以及其他生产辅助设施建设，对运营管理人员提供培训指导服务等。

睢县第三污水处理厂是河南省第一座污水处理概念厂。高品质的定位要求从项目全生命周期考虑，从规划决策、初步设计、施工准备、建造实施、运营维护、二期续建等方面进行了系统资源整合。

设计是纲。中持股份作为实施主体和总承包单位，规划设计阶段就组建了工艺技术、建筑设计、景观设计、室内设计、展厅设计、导视设计等多专业集结为一体的设计团队。睢县新概念污水厂现场项目组是一支由吕宝军、裴大庆、李石磊、孙艳艳、宋海涛、王若腾、侯佳雯、张亮亮等对污水处理项目具有高感知和对细节管控具有高体会的专业工程师组成的年轻队伍。他们敢创新，勇担当，在对中国污水处理概念厂"四个追求"充分理解的基础上，与各相关单位、参建人员协同工作，考虑污水处理厂与城市发展的融合，通过多维度技术探讨、跨领域细节敲定、可视立体形态勾勒，达成功能、审美的共识，确定了睢县新概念污水厂的设计建设方案。

从"纸上一流"到"地上永久"，一流的工程是一流的人员干出来的。施工阶段，同样集结着120家具有丰富经验的土建工程、机电设备、金属结构、环保、消防、室内外装饰装修、园林绿化等参建单位，小到墙面集雨管形态、外墙形象、门窗形式及室内挂画、墙贴、绿植选择和摆放等细节构思，新材料、新工艺、新方法、新装备层出不穷。互联网的出现为工程管理施工提供了极大的便利性和可能性，进而以排山倒海之势，颠覆了行业格局，融合了企业边界，重塑了管理认知。"云监管""云服务"随着数字化时代的到来而产生，信息共享的便捷开启了新的商业模式。在睢县新概念污水厂施工过程中，更是充分利用互联网万物互联的优势，大量成品和材料可在全世界搜索，货比三家。

睢县新概念污水厂是政府官员、技术企业、投资集团、公众和建筑师、建造师、规划师等等工程共同体成员多方协作的成果，开放性、创新性的设计、建设、施工理念，真正让无边界时代融入了有边界的地理范围内。

二、PPP 模式点亮新概念

万事俱备只欠东风。 设计方案先通过，商业模式后寻求。 睢县新概念污水厂解决水问题路线与新加坡解决水问题路径异曲同工。 与中持股份一样，成立于 2009 年的河南水利投资集团有限公司（简称河南水投），对河南省水问题高度关注，是河南省唯一的省级水利投融资平台，投资经验丰富。 以"兴水为民、利泽中州"为企业使命，秉持"政府满意、社会受益、资产增值、持续发展，做国内一流的水资源产业投资集团"的企业愿景，立足河南，致力探索河南省水问题的"水投方案"。

2014 年年底，根据国务院《关于加强地方政府性债务管理的意见》（国发〔2014〕43 号）和国家发展和改革委《关于开展政府和社会资本合作的指导意见》（发改投资〔2014〕2724 号），开始推广运用的 PPP 模式，是党中央、国务院作出的一项"引入社会力量参与公共服务供给，提升供给质量和效率"的重大决策部署；是政府与社会携手开展基础设施建设、提供公共服务的治理创新。

到 2017 年年底，PPP 项目严格把控，开始全面清理、整顿、规范 PPP 项目，国务院相关部委先后发布《关于规范政府和社会资本合作（PPP）综合信息平台项目库管理的通知》（财办金〔2017〕92 号）、《关于加强中央企业 PPP 业务风险管控的通知》（国资发财管〔2017〕192 号）、《国家发展和改革委关于鼓励民间资本参与政府和社会资本合作（PPP）项目的指导意见》（发改投资〔2017〕2059 号）等文件，对卖方市场提质增效、买方市场提高门槛和鼓励民间资本参与 PPP 项目进行了政策导向。

睢县新概念污水厂是在国家 2018 年严管 PPP 背景下诞生的"睢县水环境整体改善一期工程 PPP 项目"的核心子项目。 理念创新的概念厂与治理创新的 PPP 同向合力，睢县第三污水处理厂从规划设计到建设运营，一步步将污水处理概念厂从理念愿景变成了美好现实。 河南水投与中持股份强强联合，借 PPP 模式东风，乘势共建共治睢县新概念污水厂。

睢县水环境的问题也是中原地区中小城市普遍存在的问题，河南省水投与中持股份达成共识，共同探索睢县水问题的解决之道。 睢县水环境整体改善项目实施，将致力于消除水安全隐患，保障区域防洪安全，改善生态环境、影响及示范中原地区生态建设，为睢县打造"中原生态文化名城"奠定坚实基础。

2018 年，河南水投、中持股份、河南省水利第一工程局组成联合体，与睢县住房和城乡规划建设管理局（即"甲方"）签订《睢县水环境整体改善一期工程 PPP 项目合作合同》（简称《合作合同》），根据《合作合同》约定，联合体与睢县城市发展投资有限公司共同成立项目公司，即睢县水环境发展有限公司（简称"睢县水环境公司"）。 由睢县水环境公司作为乙方，继承《合作合同》中联合体的所有权利义务关系。 在特许经营期内，从事投融资、建设、运营和维护项目设施并取得服务费。

鉴于中持股份与睢县住房和城乡规划建设管理局 2017 年签订的"两个总承包合同"项目属于"睢县水环境整体改善一期工程 PPP 项目"的子项目，根据总承包合同履行实际情况，2018 年 7 月 3 日，睢县住房和城乡规划建设管理局与中持股份、睢县水环境公司补充签订《睢县产业集聚区污水处理厂提标及扩容项目三方协议》和《睢县第三污水处理厂（新概念污水厂）项目三方协议》，保证 PPP 项目的顺利实施。

睢县水环境整体改善一期工程 PPP 项目包括新概念污水处理工程、睢县产业聚集区污水处理厂提标及扩容项目、水系连通工程、利民河黑臭水体综合整治和生态修复工程、护城河水质提升工程、濯锦湖人工湿地工程、睢县水文化展示中心、智慧水务工程，如图 8-2 所示。

睢县水环境整体改善一期工程总投资约 90648.09 万元（估算），合作期 20 年，其中建设期 2 年。 睢县水环境公司注册资本 5000 万元，项目公司投资总额 18129.618 万元，其中，河南水投出资比例为 64%，中持股份出资比例为 30%，睢县城市发展投资公司出资比例为 5%，河南省水利第一工程局出资比例为 1%。

睢县第三污水处理厂于 2017 年 7 月开工，2018 年 7

图 8-2　睢县水环境整体改善一期工程布置

月项目总承包合同调整为 PPP 项目合作合同，项目由一家建设变为四家共建。2019 年 2 月投产试运行，并以委托运营模式（OM，Operation & Maintenance）进行管理。

睢县新概念污水厂项目的建成投产，将成为可推广可复制的城市污水处理代表，希望带动河南省甚至淮河流域城镇污水处理技术的改进和处理理念的升级，在追求适度标准与水质稳定达标的同时，最终实现资源的重复回收和循环利用。

三、睢县模式且行且完善

睢县新概念污水厂是以问题导向、逆算推演的结果，推演草图见图 8 - 3，与河南省人民政府《关于实施四水同治加快推进新时代水利现代化的意见》（豫政〔2018〕31 号）的"坚持高效利用水资源、坚持系统修复水生态、坚持综合治理水环境、坚持科学防治水灾害"四个原则不谋而合。

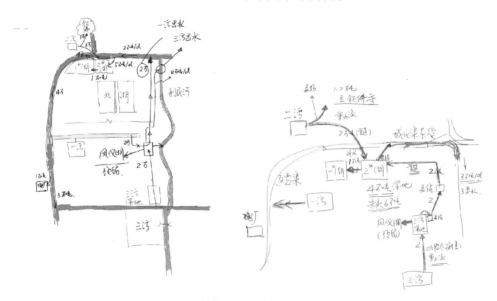

图 8 - 3 睢县新概念污水厂诞生的推演图

睢县新概念污水厂的建设是以市场为导向、两手发力的成果，与中国共产党第十九次全国代表大会报告中"建立以企业为主体、市场为导向、产学研深度融合的技术创新体系"要求相一致，体现了新时代"节水优先、空间均衡、系统治理、两手发力"16 字治水方针精神。

睢县新概念污水厂是下先手棋、打主动仗的成功典范。各参建单位、专业团队当快手、重联手、有妙手，突破"头痛医头，脚痛医脚"怪圈，实现较好的经济、环境和社会效益。"四个追求"的理念得以鲜活展现，它的意义正如曲久辉院士实地参观后所说的那样——智慧使概念成为现实。

2020 年 6 月，睢县新概念污水厂首次为利民河泵送生态基流；目前生产运行数据显示，通过沼气发电产生的电量，可满足厂区 20％～30％的用电量；污泥处理后产生的营养土，部分用于厂区内农业安全示范区的试验性作物种植，部分外运有机肥加工企业。

2019 年 11 月，睢县第三污水处理厂被河南省生态环境厅列入第四批"河南省环境教育基地❶"，成为河南省创建的 76 家省级环境教育基地之一，见图 8-4。这是对新概念污水厂科普宣传责任和社会效益的认可。

图 8-4　第四批河南省环境教育基地名单

---

❶　环境教育基地是面向公众普及环保知识、提高环保意识的重要场所，是开展环境宣传舆论、推进公众参与、增强公众环保意识的生动平台和基本载体，在开展环境宣传教育过程中具有很强的形象性、灵活性、实践性和渗透性，在环境教育事业中发挥着重要作用。

面向河南省 2035 年"四水同治"❶目标，不断激励睢县水环境公司立足河南，持之以恒打造"睢县模式"，为解决河南省水环境问题提供切实可行的方案。

四、燎原之势

目前，中国污水处理概念厂 1.0 的衍生产品在河南省陆续落地。

商丘市第九污水处理厂，计划在先进装备制造园区建造一座基于"风险防控"理念建设的市政基础资产，体现概念厂在工业园区的"四个追求"探索。

河南省信阳市息县第三污水处理厂是在睢县新概念污水厂的基础上衍生的旧厂改造项目的示范案例。 息县第三污水处理厂原址为息县造纸厂污水处理站，通过保留、拆除、新建等措施，规划场地为一座污水厂＋一座城市工业遗址公园，恢复其污水处理功能，确保市政基础设施稳定运行，保留历史遗迹，充分利用现有场地、现有元素，使旧址得以新生。 通过对外开放的工业遗址公园，拓展周边居民的休闲活动空间，丰富人们的娱乐、休闲活动内容，填补息县县城西侧老城区休闲娱乐空间的空缺，促进形成完善的城区公共空间体系，从整体上提升老城区的人居环境质量。

睢县新概念污水厂内的潜流湿地得到了河南省信阳市政府的认可，有意向将概念厂衍生工艺应用在信阳红廉基地项目的景观用地——信阳北湖郊野公园水环境治理工程，目前工程已启动。

国内环保企业对于概念厂已经显示出极大的兴趣。 宜兴有多家环保企业希望建立生产性研发中心，代理概念厂的一两个技术。 北京市已有 2 个区政府、3 家大企业向专家委员会提出了意向申请，希望对现有厂网按照概念厂的理念进行改造。 中国雄安集团生态建设投资公司也期盼专家委员会到雄安新区考察指导。

专家委员会反复强调，概念厂是一个开放的事业。 这个开放，不只在于向全行业的智力和产业资源敞开大门，"所见略同者"皆有机会成为合作伙伴；还在于要走出去，最大范围分享思考和判断，让概念厂事业取得的认知和实践持续传播，为行业乃至社会的绿色未来播下更多火种。

概念厂事业的持续推进，离不开与媒体保持密切的互动、沟通。 行业权威

---

❶ 河南省人民政府《关于实施四水同治加快推进新时代水利现代化的意见》（豫政〔2018〕31 号）提出总体目标，截至 2035 年，全省水资源、水生态、水环境、水灾害问题得到系统解决，节水型社会全面建立，城乡供水得到可靠保障，水生态得到有效保护，水环境质量优良，防灾减灾救灾体系科学完备，基本形成系统完善、丰枯调剂、循环畅通、多源互补、安全高效、清水绿岸的现代水利基础设施网络，水治理体系和治理能力现代化基本实现。

媒体《中国环境报》一个整版刊发了专家集体署名的文章，这是概念厂事业的首次亮相。 概念厂各项前瞻而富于深度的工作，也吸引了国内主要媒体和专业媒体的持续关注，向业界推出了多篇影响深远的精品报道。

概念厂事业在实践层面得到了行业内外的真切呼应。 北京排水集团槐房生态水厂、北京首创东坝未来水厂等新一代污水处理厂，已经在"四个追求"上展开不同程度的探索，为行业展现污水处理设施的新形态、新方向。 而概念厂关于城市环境基础设施的思考甚至还产生了"出圈"效果，如垃圾焚烧业也开始了面向未来的梳理和审视，追求环境与社区友好的"蓝色焚烧"已成为行业共识。而国内全封闭、半封闭下沉式多层污水处理厂的实践，已经走上了城市生态综合体的探索之路。

从某种意义上，概念厂的贡献已经不局限于污水处理行业，而是为环保行业重新明确自身定位和发展形态，进行的一次超前思考。

无论如何，中国污水处理概念厂 1.0 都有助于中国污水治理水平的提高。中国目前拥有世界上最大的污水处理市场，也是污水处理技术最好的试验田。污水处理概念厂计划的实施相当于发出一个信号，告诉世界，中国正试图走向国际水务前沿，未来水处理技术的高地很有可能在中国。

第三节 构建体系综合评判

中国城市污水处理概念厂是遵循"水质永续、能量自给、资源循环、环境友好"四个追求目标设计、建设、运营的，它分步骤、分阶段付诸实践，目前在建的概念厂只有宜兴城市污水资源概念厂和睢县新概念污水厂，并且只有睢县新概念污水厂实际投产运营。 那么是否名叫"概念厂"，就是专家委员会心目中认可的概念厂呢？ 一个污水处理厂到底符合哪些指标、参数、标准才能称得上概念厂？

如前所述，概念厂是一个开放性、包容性很强的概念，可以从不同的角度观察、认识和丰富。 为准确把握概念厂内涵，建立健全评价体系，为推动我国污水处理概念厂高质量建设提供有效制度支撑，我们在参考相关文献的基础上，初步提出一个粗略的综合评判框架。

一、分阶段评价

中国污水处理概念厂的出身首先要合法合规，符合或优于现行的政策要求和民众诉求。 概念厂的鉴定评价由"中国城市污水处理概念厂专家委员会"主持，根据目标导向、结果导向，分阶段进行。

专家委员会在不同阶段组织不同的概念厂评判小组，采用全生命周期、综合评判、感官体验、公众参与等直接、实用、简单可行的方法。

决策设计阶段，评判小组主要由专家委员会、科研学者、业界专家、政府人士、环保组织、受影响群众组成。 采用实地踏勘、研讨会等形式，对整体设计方案进行系统化、生态化评价。

建设实施阶段，评判小组主要由专家委员会、业界专家、政府人士、参建单位、受影响群众组成。 采用实地踏勘、走访调查等形式，对概念厂过程安全和成型细节进行评价。

生产运营阶段，评判小组主要由专家委员会、科研学者、业界专家、政府人士、环保组织、周边群众组成。 采用实地踏勘、测试分析、翻阅工程档案、检查运行报表、走访调查、研讨会等形式，对概念厂生态系统、物质循环、科普教育进行评价。

二、评价指标初选

城市污水再生和循环利用对于控制水体污染、改善水环境质量具有重要意义。 水安全风险、水生态破坏、水资源短缺、水环境污染是"一条绳上的蚂蚱"，而山水林田湖草构成人与自然生命共同体，水问题宜综合整治，决不能分而治之，都应该纳入到"城市污水处理概念厂"建设中去。 因此，概念厂建设不能"教条化"，要一城一策、一厂一策，因地制宜。 概念厂综合评价初选指标见表8-1。

表8-1　　　　　　　　　概念厂综合评价初选指标

阶段	评价成员	目标	子 系 统	指标层及说明
决策设计	专家委员会、科研学者、业界专家、政府人士、环保组织、受众代表	污水处理概念厂	设计方案系统化、整体化、韧性	规模确定、场地选址、平面布置、水处理工艺、泥处置方式、物料平衡、能量自给、出水标准、营养土归宿、点面源综合治理、污水厂命名等
建设实施	专家委员会、业界专家、政府人士、参建单位、受众代表		过程安全和成型细节的高品质、高审美	建筑材料、施工工艺、施工质量和安全、"三废"处理、物种选用、群体事件等

续表

阶段	评价成员	目标	子系统	指标层及说明
生产运营	专家委员会、科研学者、业界专家、政府人士、环保组织、周边群众	污水处理概念厂	生态系统和物质循环完整性	原辅材料输入、能量输入，再生水梯级利用、污泥资源化、温室气体排放、农业面源污染削减、生态补水（控制断面标准）、海绵城市建设、生态链完整性、生态风险、管理理念、商业模式、环境教育、科普宣传等

指标确定遵循全生命周期、节约优先、绿色低碳、自然循环、因地制宜、城乡融合等原则。

全生命周期包括工程、原材料的生命周期，对其从产生到淘汰的过程进行评价。

节约优先要落实出水水质，适可而止，节水、节能、节药剂、节约集约用地，还考虑建筑的经久耐用、设施维护便利性、操作可行性等。例如，用户间串联用水、分质用水，一水多用等水循环利用。

传统污水厂能耗高、物耗高、以产生大量温室气体换净水，付出了环境代价，绿色低碳改变了这种模式，取而代之的是能量回收、资源循环、碳减排、零废弃等。

自然循环是指多用生物技术，少使用化学工程治理，充分发挥自然生态系统的作用，多选择本土物种，少引进外来物种，多自流生态补给，少泵送逆向送水，保障生物净化，创造和谐的生态景观等功能。

因地制宜，通俗而言就是"只买对的，不买贵的"，适合的就是好的；规模适可、选址适宜；按照再生水分类利用目的，进行梯级使用，若宜农灌溉则使用轻氮磷去除，若直接用作河湖生态基流，则按收纳水体控制断面水质标准处理排放等。

城乡融合就是考虑畜禽粪污、餐厨垃圾等固体污染物搭载污泥有机处理，建筑与周边环境协调不违和，无噪声侵扰，无恶臭熏人，安置当地人员就业，开放设施、营造融洽关系等。

另外，鼓励为概念厂取个贴切的好名字，有助于公众对污水处理概念厂的理解、接受和宣传。例如，新加坡避免使用污水厂、再生水、中水等词语，另辟蹊径取名 NEWater 新生水厂。

总之，让污水厂成为概念厂不能仅靠指标、数字说话，而是要看效果，靠人的感同身受。这些需要理念引导、落地推进，真正让概念厂成为展示水资源、水环境、水生态、水安全系统治理、生态治理的代表性窗口和体现水质永续、能量自给、资源循环、环境友好"四个追求"的标志性平台。 建设生产、生活、生态有机融合的宜居城乡生态综合体，全面提升综合体内群众的获得感、幸福感、安全感。

/本 部 分 小 结/

污水处理系统的初心是通过对人类排泄物的安全处置保护公众生命健康，后来增加了有效去除有机物、营养物等污染物来关照水体质量的目标。 进入 21 世纪，污水处理厂新增添一个宏伟目标、污水是一种富含各种原材料的、有价值的资源库。 人类对水的认知、需求、审美等理念日渐清晰、全面，开启了治水新纪元。

宜兴城市污水资源概念厂摸着石头过河，进行了精益求精的探索，成为第一个吃螃蟹的厂，是专家委员会的初衷版。 睢县新概念污水厂果敢神速地竖起了梦想的桅杆，在水质已用、能量可用、资源有用、环境共用等方面，粗具梗概。如何构建评价指标体系，科学合理评价中国污水处理概念厂，打磨可复制的商业模式，打通工业农业生产壁垒，打造经得起经济、环境、社会考验的工程精品，打亮、保护"睢县模式"这块中国污水处理概念厂 1.0 的招牌，仍有较大探索空间。

行而不辍，未来可期！

附　　录

一、睢县新概念污水厂建设进度图

睢县新概念污水厂从无到有，实证了中国建设污水处理概念厂的可能。 记录污水概念厂建设过程，见证概念厂的建成，意义非凡。

二、睢县新概念污水厂群英谱

中国污水处理概念厂从概念到现实是专家委员会智慧的结晶，也是投身其中的所有单位共同努力的结果。 河南省商丘市睢县新概念污水厂主要发起单位和专家委员会及其秘书处标识，以及参与睢县新概念污水厂建设的单位如下。

睢县新概念污水厂参建单位 120 家名单：

睢县住房和城乡规划建设管理局

河南水利投资集团有限公司

中持水务股份有限公司

睢县城市发展投资有限公司

河南省水利第一工程局

睢县水环境发展有限公司

河南省豫北勘测设计研究院有限公司

东莞市粤建监理有限公司

河南省水利勘测设计研究有限公司

北京邑匠建筑设计有限公司

北京艺联信诺景观设计有限公司

北京华夏诺一科技有限公司

倔匠品牌设计（北京）有限公司

中国化学工程第四建设有限公司

濮阳市濮银建设工程有限公司

北京中持绿色能源环境技术有限公司

青岛欧意天成环境工程有限公司

普罗名特贸易（大连）有限公司

住友精密工业技术（上海）有限公司

许昌飞牛供水设备安装有限公司

景津环保股份有限公司

沧州创新金属制品有限公司

绍兴上虞英达风机有限公司

无锡市科尔环保工程设备有限公司

保定北极星九江石材有限公司

沧州诚达新材料科技有限公司

江苏新浪环保有限公司

河南利煌新型材料有限公司

北京北排装备产业有限公司

河南卓时环境工程有限公司

上海牧通实业有限公司（WAM）

河南永祥不锈钢制品有限公司

江苏托普迈斯悬浮科技有限公司

郑州林之轩苗木种植有限公司

泰安中天建和土工材料有限公司

尚川（北京）水务有限公司

商丘市睢阳区江春苗木种植农民专业合作社

河北裕千鑫诺金属制品有限公司

晋江西峰天然石英砂有限公司

林竣建设有限公司

新郑市薛店镇亿源石材商行

沧州诚达新材料科技有限公司

河南业航建筑工程安装有限公司

泰安众信工程材料有限公司

山东省章丘鼓风机股份有限公司

商丘市天宇电力工程有限公司睢县襄源分公司

商丘市梁园区开门红门业经营部

西派克（上海）泵业有限公司

河南水之墨装饰设计工程有限公司

上海冠龙阀门机械有限公司

山东视观察信息科技股份有限公司

商丘市睢阳区江春苗木种植农民专业合作社

天津市塘沽瓦特斯阀门有限公司

河南城市建筑咨询有限公司

中牟县春城苗圃场

苏州威士瀚工程塑料有限公司

河南省开润工程建设有限公司

河南颍淮建工有限公司

阿特拉斯·科普柯（上海）贸易有限公司

常州市鼎亨机电设备有限公司

河南好邦建筑工程有限公司

新郑市薛店镇亿源石材商行

川源（中国）机械有限公司北京分公司

河南润麟基础工程有限公司

中牟县大孟镇花木基地

南方中金环境股份有限公司

郑州市聚辉装饰工程有限公司

河南金恒建筑装饰集团有限公司

三联泵业股份有限公司

郑州恒基机电设备有限公司（日立中央空调）

河南美棠装饰设计工程有限公司

广东省南方环保生物科技有限公司

河南中沃消防科技股份有限公司

济源市鼎昌实业有限公司

安平县鑫创钢格板厂

北京建贸新科建材有限公司郑州分公司

上海展冀膜结构有限公司

宜兴市仁源环保填料有限公司

河南豪迈家具有限公司

苏州超峰塑胶工业有限公司

郑州市镍丰不锈钢有限公司

天津市亿信天诚金属制品有限公司

江苏奇佩建筑装配科技有限公司

河南大韵升电子设备有限公司

河南省矿山起重机有限公司

宝典电气集团有限公司

上海肯特仪表股份有限公司

江苏新浪环保有限公司

北京智盛汇通科技发展有限公司

开封仪表有限公司

南京中德环保设备制造有限公司

安尼康（福建）环保设备有限公司

宇星科技发展（深圳）有限公司

河南华亚塑胶有限公司

北京虹源特富科技发展有限公司

索凌电气有限公司

郑州台塑物资有限公司

桑德斯（宁波）热能技术有限公司

华荣科技股份有限公司

上海凯凡石化设备有限公司

北京连志环保设备有限公司

河南腾达环境工程有限公司

河南润邦电气有限公司

威迩徕德新能源（上海）有限公司

远东电缆有限公司

宝胜科技创新股份有限公司

上海众诚英桓环境科技有限公司

徐州矿源浓浆泵业有限公司

山东宝盖新材料科技有限公司

山东明天机械有限公司

铠易商贸（上海）有限公司

河南天海压力容器设备有限公司

浙江中科兴环能设备有限公司

吴江固美特精密金属构件有限公司

安平县鑫渤源丝网制品有限公司

江苏西鹏电气有限公司

河南鸿达电缆有限公司

郑州奥翔体育设施有限公司

张家港中集圣达因低温装备有限公司

赛莱默（中国）有限公司

致敬

河南省商丘市睢县新概念污水厂
建设劳动者！

2018 年 7 月小有生机 ▼

2018 年 5 月框架初现 ▶